U0311665

西方建筑史丛书

19世纪建筑

［意］斯特凡尼娅·科隆纳-普雷蒂　著　王烈　译

北京出版集团公司
北京美术摄影出版社

Original Title Storia dell'architettura Deli'ottocento
Text by Stefania Colonna-Preti

图书在版编目（CIP）数据

19世纪建筑 /（意）斯特凡尼娅·科隆纳-普雷蒂著 ；王烈译. — 北京 ： 北京美术摄影出版社，2019.2
（西方建筑史丛书）
ISBN 978-7-5592-0222-2

Ⅰ. ①1… Ⅱ. ①斯… ②王… Ⅲ. ①建筑史—西方国家—19世纪 Ⅳ. ①TU-091.5

中国版本图书馆CIP数据核字(2018)第255363号

北京市版权局著作权合同登记号：01-2015-4554

责任编辑：耿苏萌
助理编辑：李　梓
责任印制：彭军芳

西方建筑史丛书

19 世纪建筑

19 SHIJI JIANZHU

[意] 斯特凡尼娅·科隆纳-普雷蒂　著
王烈　译

出　版　北京出版集团公司
　　　　北京美术摄影出版社
地　址　北京北三环中路 6 号
邮　编　100120
网　址　www.bph.com.cn
总发行　北京出版集团公司
发　行　京版北美（北京）文化艺术传媒有限公司
经　销　新华书店
印　刷　鸿博昊天科技有限公司
版印次　2019 年 2 月第 1 版第 1 次印刷
开　本　787 毫米 × 1092 毫米　1/16
印　张　10
字　数　112 千字
书　号　ISBN 978-7-5592-0222-2
审图号　GS（2018）4179 号
定　价　99.00 元
如有印装质量问题，由本社负责调换
质量监督电话　010-58572393

目录

＊本书地图系原书插图

AUX GRANDS HOMMES LA PATRIE RECONNAISSANTE

引言

1750年到19世纪末，恰逢政治变革、江山易主、科技进步的时期，产生了诸多建筑风格。社会和经济的革命改变了历史进程，打破了几百年不变的陈规旧习，屹立几世纪的机构也不复存在。美国独立（1776年）、人权和公民权宣言（1789年）、法国大革命（1789年）、拿破仑称霸欧洲（1814年）、奥地利帝国（始于1804年）及后来的奥匈帝国（1867—1914年）、工业革命（1760—1830年）、运输及印刷革命……这些不仅标志着一个时代的开始，还导致了新审美主体——公民阶层的诞生及确立。伴随着人文主义理想、浪漫主义文化，以及“崇高的诗性”，他们要求一种能表现当时社会文化的建筑。

维也纳会议（1815年）在拿破仑战争之后，以“恢复秩序……平衡欧洲列国”为原则，重新划分了欧洲版图，确立了民族国家，巩固了布尔乔亚阶级。与万象更新的社会和政治对应的是新城市和新功能，其形式语言中多见各式“复兴”，即修改某一风格以做艺术上的重新利用。在各个国家和时期与新古典主义重叠出现的还有新哥特式、新文艺复兴式、新巴洛克、新罗曼式。各种形式融会贯通、兼容并蓄，一座建筑可集过去所有风格于一身。

4页图

雅克-热尔曼·苏夫洛，圣热纳维耶芙教堂（先贤祠），1757—1789年，巴黎，法国

法国古典主义的典范之一，重现了希腊罗马古典建筑的许多手法。外部由4座简化神庙组合而成，入口前留有门廊。结合了哥特式的轻盈和古典的庄重，第一次重新审视其中的结构及建筑体系。有意使用古典主义手法再现古罗马建筑的细节，新建筑流派就此开启。

“理想之美”

新古典主义诞生于视觉艺术中，18 世纪后半叶兴于欧洲，至 1815 年拿破仑帝国覆灭而式微。

它是对巴洛克和洛可可过于细腻感性的反叛，要求人们重新认识古典艺术和建筑，将审美喜好转向古典文明尤其是希腊文明，将其作为模仿的典范。这种趋势有考古研究为基础（埃尔科拉诺和庞贝的发掘），并以德国艺术史学家约翰·温克尔曼的建筑与艺术论著为依据。约翰·温克尔曼主张风格应尽量几何化、庄严肃穆，他颂扬希腊罗马艺术的高贵简洁和宏伟庄重，要求艺术家学习并模仿其完美隽永的形式及其抽象、理性、神化、玄妙、绝对的美。他的理念很快自成一派，影响遍及绘画、雕塑、文学、建筑、音乐等领域。欧美的帝王、领袖都以此作为国家的官方美学，自比雅典般民主、罗马般伟大，如同罗马帝国再临。于是，新城市应该和古典城市一样，有纪念建筑，如城门、公共建筑、立柱等。建筑师也应考虑社会发展，在新的城市规划中，按功能加入新的基础建筑，如学校、博物馆、医院、军营等。进入 19 世纪后，新古典主义在效仿希腊古风时不再有原创而自然的简洁，只是一味照搬，失去了生命力。

7页图
彼得罗·比安基，保罗圣方济教堂，
1817—1824年，那不勒斯，意大利

D·O·M·D·FRANCISCO·DE·PAVLA·FERDINANDVS·I·EX·VOTO·A·MDCCCXVI

启蒙运动及新世俗理想

巴洛克和洛可可之所以没落，是因为人们渴望一种新的建筑语言。但其中也交织着其他因素，首先便是建筑批评理论的发展。这与法国启蒙运动渊源颇深，与狄德罗和达朗贝尔的百科全书派一脉相承。要理解对“理想之美”的追寻，就必须先理解这一理论。18 世纪的理论家寻求绝对之美，就是为了彻底抛弃巴洛克的凌乱和洛可可的轻浮，让理性战胜幻想，表现共和与进步的理想。

16 世纪就已出现反对巴洛克的呼声。17 世纪弗朗索瓦·布隆代尔、夏尔·佩罗和克劳德·佩罗等人的论著也是新古典运动理性主义的先驱。经克劳德·佩罗修缮的巴黎皇宫（即罗浮宫）是规整设计的典范：三角山花居中，一排成对立柱立于厚重的基石之上。这对后世的建筑审美影响颇深。文艺复兴向往古典时代是因为人文主义，17 世纪向往古典时代是皇权使然，而大革命向往古典时代，并最终形成新古典主义，是出于进步、共和的理想和科学的理性。

牛顿（1643—1727 年）、波莱尼（1685—1761 年）等人的发现，以及约翰·洛克（1632—1704 年）、伏尔泰（1694—1778 年）、卢梭（1712—1778 年）等人的哲学论著，给建筑风格的争论带来了新的观点：建筑应体现明确的功用（《论建筑》，1753 年，马克-安托万·洛吉耶）。洛吉耶强调建筑的结构应顺其自然，以原始茅屋为规范，四柱一梁，采用两个斜坡的顶。雅克-热尔曼·苏夫洛于 1757—1789 年间主持建造的巴黎圣热纳维耶芙教堂就是新建筑理念的完美呈现，柱和梁是其主要元素。

音乐、和谐、数学，三者都要求均衡。建筑也应依照确定的规则，回归古典的“理想之美”。这看法打开了意想不到的局面。除了古罗马建筑师马可·维特鲁威提出的“适用、坚固、美观”三要义，建筑还应有象征意义，要能代表新社会和新理想。这种审美否认当下和不远的过去，要寻找一种风格做参考。在古典中，19 世纪的城市找到了能满足世俗生活功能和实用要求的合适范例。

建筑师著书立说，研究布局、功能、比例和建筑理论。学院出现了，开始传播新思想。知识分子和建筑“爱好者”（不是建筑师而从事建筑的人）形成圈子，组织沙龙，交换观点。建筑教学理论与实践并重，建筑师有了新的职业形象。1794 年，巴黎综合理工学院成立，建筑学由让-尼古拉-路易·迪朗（1760—1834 年）执教，教学方向更偏重实践。建筑师和工程师分别学习不同的课程。社会已准备好迎接新的风格。

经典再现：考古发掘带来造型宝库

至 18 世纪中期，建筑文化已准备好迎接考古发现带来的冲击。位于意大利坎帕尼亚大区的罗马古城埃尔科拉诺和庞贝分别于 1719 年和 1748 年进行了考古发掘，之后又不断有新的发现。汉密尔顿勋爵在意大利主持挖掘了哈德良别墅（1761—1781年）。不仅如此，在希腊的雅典和科林斯、小亚细亚地区黎巴嫩的巴勒贝克和叙利亚的帕尔米拉，以及现克罗地亚的斯普利特，也都有考古发现。这对新古典主义的诞生有不可磨灭的作用。因为新古典主义就是对古人艺术创作的模仿与再现，以理性之光重塑建筑。庞贝及埃尔科拉诺的罗马遗迹、雅典和帕埃斯图姆的希腊遗迹带来了直接的冲击，唤起了人们对古典时代的广泛兴趣。人们以浪漫怀旧的感情，追忆远去不可回的往昔。到底什么才是绝对、理想、永恒的美？漫长的争论也由此开始。人们怀古贬今，古典样式备受推崇。全欧洲的艺术家和建筑家都要“皈依”古典，进行所谓的“壮游”，去意大利和希腊游学，在罗马的法兰西学院或圣路加学院深造，以建筑绘图准确再现旅行中的所见所得。罗伯特·伍德和罗伯特·亚当的记录精确而系统，建于罗马帝国时期的黎巴嫩巴勒贝克科林斯式神庙就在其中。以绘画再现建筑，本身已是对建筑的规划，而考古与建筑密切相关，有了考古发现，才能重新审视各古典风格之间的关系。有了帕埃斯图姆的多立克柱式，才能重新考察维特鲁威提出的各种柱式，“正统”希腊三式（多立克式、爱奥尼亚式、科林斯式）才能加入晚期罗马式（托斯卡纳式及混合式）。希腊和罗马的建筑孰优孰劣？全欧洲的理论家为此争论不休。希腊建筑善于表现纯粹，“阳刚简洁、沉稳持重”的多立克柱式在新古典主义建筑中随处可见。隽永风景中矗立着多立克式神庙——这一景象始于1748年建于英国斯托的协和胜利神庙，1758年斯图尔特于英国哈格利所建的神庙依然秉承这种景观。托马斯·杰斐逊将其移植到弗吉尼亚州，于1785—1799年建造了州议会大厦。德国的约翰·约阿希姆·温克尔曼（1717—1768年）推崇希腊建筑，于1755年发表了《论雕塑及绘画中对希腊作品的模仿》。此书被视为新古典主义的标志性作品，不仅见证了重大历史时刻，还表达了对理想之美的热切向往。这种美的突出特点是“高贵简洁、宏伟庄重”。温克尔曼发展了理论，将古典艺术视为至高

左图

朱利安-达维德·勒鲁瓦，雅典卫城山门复原图，1758年

有了勒鲁瓦绘制的图和帕埃斯图姆发现的多立克柱式，古典建筑语言再度兴盛，其建筑理论也被重新审视。1758年，勒鲁瓦作《希腊最美建筑的废墟》，以绘画的形式全面展现希腊建筑可能的面貌，以及希腊罗马废墟中的细部浮雕。由此，某些建筑及局部，如三角山花，柱顶过梁，柱头等，被立为典范。

典范，而安东·拉斐尔·门斯（1728—1779年）则将其运用于绘画之中。亚历山大·科曾斯、夏尔-路易·克莱里索等人带起的废墟风景画，表现了建筑与环境之间的理想关系：自然风景中矗立着一座神庙，完整而自得其所。定居罗马的威尼斯建筑家乔瓦尼· 巴蒂斯塔·皮拉内西（1720—1778年）则推崇古罗马建筑，常与崇希腊派争论。他作了《幻狱》组画，认为建筑师有“恣意”创作的自由，建筑不应只归结于理性。其自由的想象影响了“大革命建筑师”——法国的艾蒂安-路易·布莱（1728—1799年）和克劳德-尼古拉·勒杜（1736—1806年），他们如梦似幻的建筑风格即由此而来。

理性主义和服务统治者的纯粹形式

继洛吉耶的理性象征主义和皮拉内西的梦幻建筑之后，所谓“启蒙建筑家”或“大革命建筑师”艾蒂安-路易·布莱和克劳德-尼古拉·勒杜也提出了他们的理论。这两位法国人的建筑最合乎理论，以基本几何图形代替洛可可繁复的曲线，宏伟震撼，是早期新古典主义的标志。布莱的设计多过建造，曾规划过各种各样的建筑，如博物馆、图书馆、纪念馆等。他偏好巨大而古典的设计，喜用纯粹的几何图形如立方体、金字塔、球体等，用这些承载完美、死亡、宇宙等象征意义，建筑史由此转折。勒杜为公众设计的一系列作品则没有那么纯粹几何化，用了许多不同来源的造型元素。他认为建筑应表现其功能，突出其环境，而不是显示所有者的社会地位。勒杜在1852年所做的《法国建筑研究》中将其建筑称为“会说话的建筑”。那时，巴黎要建道路收费所，需要一种既正式又能体现新功能的建筑形制。这正是实验古典建筑语言的大好时机。革命来得猛烈，前景无限美好，不少临时拼凑的建筑就此产生，其设计宏伟却不耐久，比如用石膏板、纸、木头搭建凯旋门。18世纪最后几十年中，在奥地利和法国，不管是帝制还是共和，只要王侯入主一城，便要立起临时建筑以庆祝“自由的节日”。隔三岔五就要来一回，普天同庆，赞颂盛世。1797—1825年间，米兰也建了许多临时的拱门，因为既急于尝试城门和收费所之类的实用性建筑，又要为统治者歌功颂德。统治者利用建筑，在建造时重新搭配古希腊和古罗马的各种形式，以彰显“伟大国度”的概念。德国主要推崇古希腊的形式，如雅典山门、神庙（包括帕提侬神庙）或一些局部（如入口门廊），用它们来表现宏伟简洁。这种古典形式被视作完美的化身，是新建筑语言的代表。

新时代的恺撒——拿破仑推崇的风格，则以罗马帝国的艺术及建筑特色为主，用来称颂其统治再合适不过。凯旋门与纪念柱变成帝国强盛的标志，借着这种罗马式的景象，他的功绩也变得神圣。拿破仑时期采用的新古典主义形式有极强的象征性，非常能代表国家，因此在复辟时期仍旧使用。古希腊和古罗马的关心时事、热爱祖国、崇尚英雄等道德与国民价值回

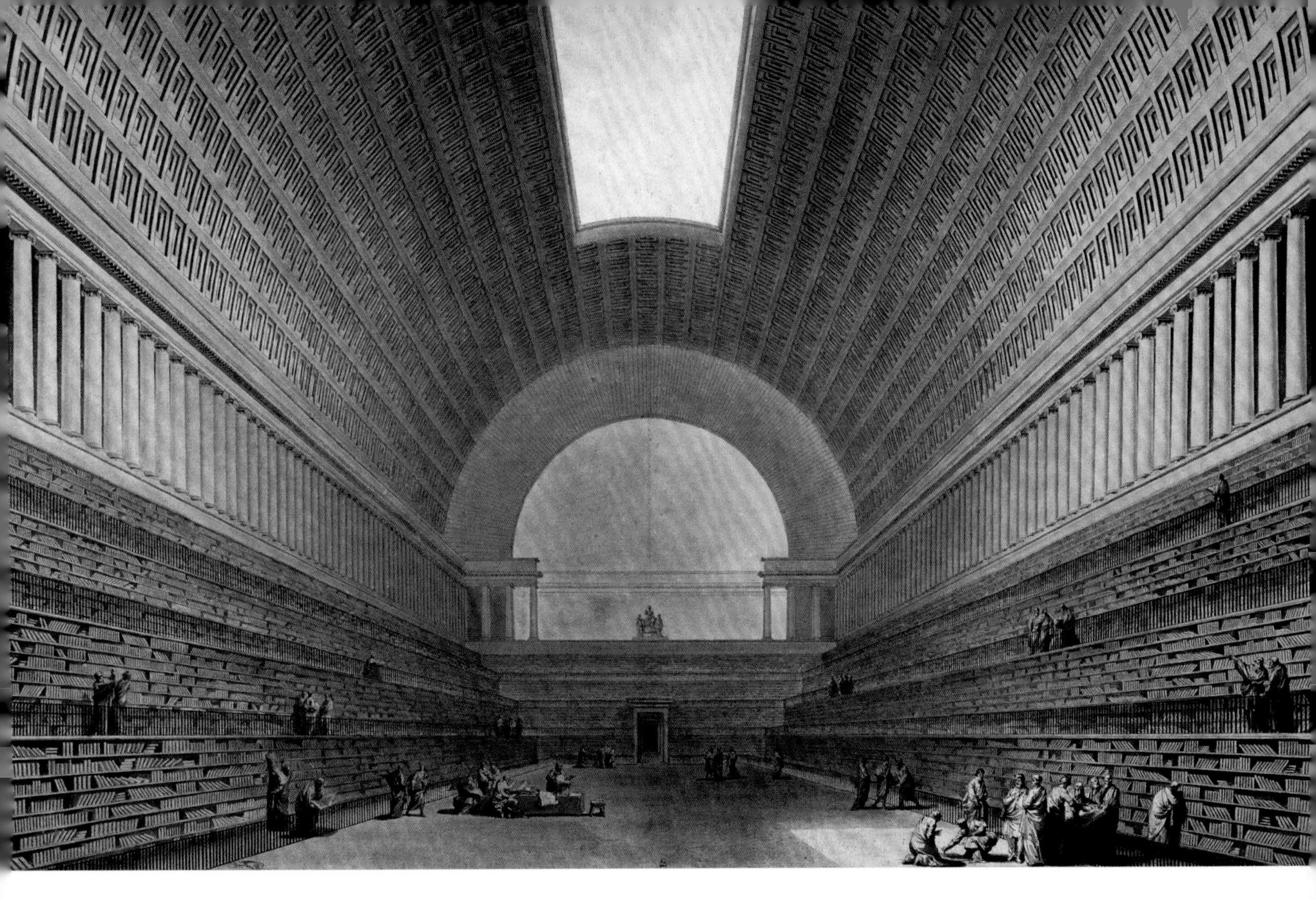

归，古典遗风终于被重新发现，模仿其风格就是要传递其思想，也就可以提取昔日的建筑元素以供今用，或将过去的某建筑奉为理想模型，形成前所未有的形制。只要符合建筑的目的及功能，不同风格提炼出的形式也可组合使用。建筑业者引领了这场社会道德的革新，用新风格诠释了政治的变迁。

上图

艾蒂安-路易·布莱，国家图书馆规划图，1783—1785年

此图画的是一个巨大的阅览室，书架分4层摆放。爱奥尼亚式立柱组成的长廊极具透视感。筒形拱顶饰以方形凹格。这些都是扩建巴黎国家图书馆阅览室的要素。拱顶上开巨大的天窗，让光线洒下来。此方法非常现代，也符合建筑的用途。

阅览室内留出了行动空间，各层书架的设计如同剧场，公众可在其中走动。许多学府、大厅的设计都有布莱设想的图书馆的印记，还有些就是完全的模仿。

古典建筑的几大原型

新古典主义的立足点，是之前已有的一套规范。有了对古典建筑的直接了解，这套规范完全清晰了，不用再被前几世纪的诸多诠释所左右。美的标准要向古典寻觅，最高贵、完美的建筑形式都由古典而来。有些元素被提炼出来，有些建筑成为基本原型，超越了时空，成为放之四海而皆准的美学规则。这个理性的规范贡献了许多模式，供新建筑使用。有些新建筑就是对古典建筑彻头彻尾的模仿，但有些也有崭新的诠释。建筑有了很高的道德及社会价值，看着古时的伟大范例，今人也应该崇尚古时的美德。神庙、浴场、纪念柱、凯旋门、山门，从帕特农神庙到万神殿，从雅典山门到提图斯、塞

左图

理查德·博伊尔·伯林顿，威廉·肯特，霍尔克姆厅内部，1734年左右，诺福克，英国

此建筑用于意大利艺术收藏者的聚会。这是它的入口玄关。建筑师从维特鲁威式埃及风格中汲取灵感（圆柱脱离地面，环成一圈），并按罗马浴场样式打造墙面和穹顶，大理石、饰带、天花凹格都由帝政风格变化而来。

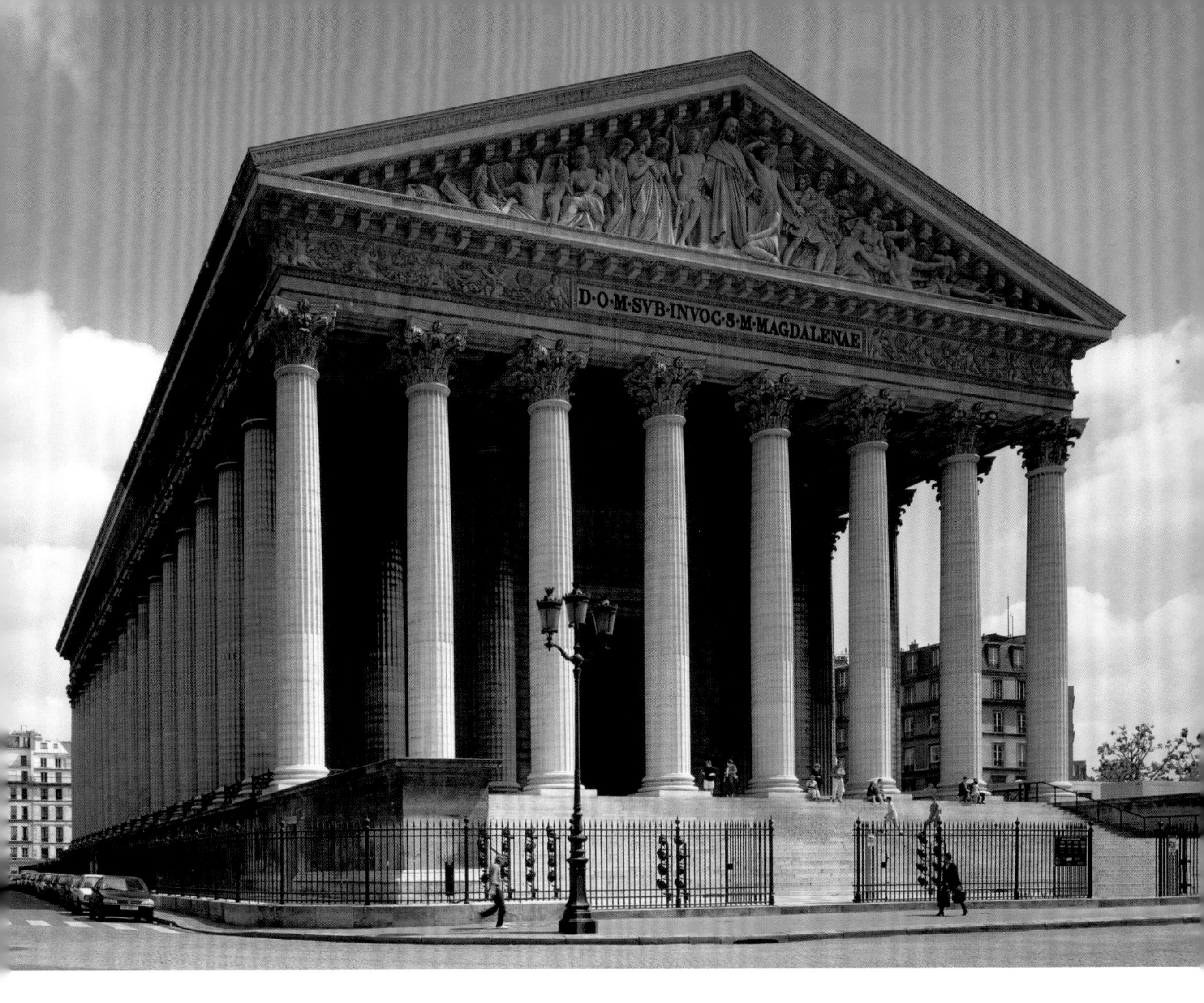

维鲁凯旋门，从图拉真纪念柱到罗马浴场，越来越多的古典建筑为新古典主义所用，并有了新的象征意义。新古典主义的建筑师用古希腊和古罗马高大的神庙表达那个时代的英雄理想。神庙是希腊建筑的精髓，各部比例均衡和谐。以此为灵感的建筑可得其宏伟而又有新的价值。神庙通常为长方形平面，或多或少地高出地面，四边有圆柱，上有三角山花，有些山花饰有雕刻，柱顶有过梁，屋顶为平顶或坡顶。现代对其的模仿注重功能，用于世俗生活的场所，建设图书馆、博物馆和大学等，并出现了一些典型作品，如伯林顿勋爵在约克建的议事厅（1730 年），申克尔在柏林建的旧博物馆大厅的列柱中庭（1824—1828 年）。巴黎马德莱娜教堂（1807—1843 年）的外观更是希腊神庙式教堂的重要范例之一。

上图

皮埃尔-亚历山大·维尼翁，马德莱娜教堂，1807—1843年，巴黎，法国

“我的意图是……建一座神庙，雅典有而巴黎无的那种。”关于马德莱娜教堂，拿破仑如是说。这栋建筑是拿破仑时代对建筑的最重要贡献，也是法国新古典主义的标志。教堂由皮埃尔·孔唐·德伊夫里动工修建，后成为拿破仑雄师的英雄纪念堂。其外观很明显参考了帕特农神庙、巴勒贝克的科林斯式神庙和南法尼姆的方形神庙。这座罗马神庙式建筑高大雄伟，四周有圆柱，短边 8 根，长边 18 根，科林斯式，高基座，柱身有纵向凹槽。

杰出作品

万神殿

万神殿原是古罗马皇帝哈德良于118—125年间所建。18世纪起，这种形制便被作为纪念性建筑的基本模型。在整个19世纪，它是集中式教堂的标准。保存如此完好的罗马建筑不多。因为其完好，不仅模仿方便，甚至可看出建筑师的意图。形制其实也十分简单：主体为圆柱形，顶为半球形，中心开天窗，正面有门廊，内部天花板有凹格。此形制很快传播到各处，包括托马斯·杰斐逊建的弗吉尼亚大学中的英式园林庙宇（1804—1817年）、阿马蒂在米兰建的圣嘉禄堂教堂（1838—1847年）、卡诺瓦和安东尼奥·塞尔瓦在波萨尼奥设计建造的庙宇（1819—1830年）。意大利有三处建筑由此原型变化而来：那不勒斯的保罗圣方济教堂（1817—1824年），长方形平面、以大运河为轴的里雅斯特的圣安东尼奥教堂（1827—1849年）和都灵的圣母教堂（1818—1831年）。它们在规划上都注意重塑周围环境，将建筑前面的空间纳入透视内。圆形部分体现出设计的新颖、均衡和其中的象征意义。整个建筑都归于此基本形状。各部之间的关系让人联想到宇宙的天圆地方。新古典主义—浪漫主义的纪念性建筑设计中，八柱门廊多用爱奥尼亚柱式或多立克柱式，不用科林斯柱式。建筑通常被整体抬高，高于路面。

14页图

安东尼奥·卡诺瓦（安东尼奥·塞尔瓦和安东尼奥·迭多可能也参与了建造），卡诺瓦神庙，1819—1830年，波萨尼奥，特雷维索，意大利

这个建筑的规划不仅参照了万神殿，也参考了帕特农神庙。其宏伟的门廊便由帕特农神庙而来。两排多立克柱式，柱身有纵向凹槽，无基石，柱底直接触地，由台阶把神庙抬高。此建筑结合了两大原型。建造它时，考古发掘已结束，新古典主义已成为建造和规划的新语言。这是极具代表性的时期。此建筑的檐壁上有三陇板，陇间壁装饰多样。

和古罗马万神殿一样，其山花无装饰。在内部，墙上有神龛，下设祭台。半球形穹顶与古罗马万神殿如出一辙，在用料轻省方面则更趋完美。和那不勒斯的保罗圣方济教堂一样，穹顶有凹格，自下而上渐薄渐轻，其重量由同直径的圆柱体支撑。凹格围成一圈圈同心圆，直至顶端的圆形玻璃天窗。光线由此倾泻而下，这是唯一的照明及通风口。

此建筑的三部分暗合历史进程，从帕特农神庙式的门廊代表的希腊文明，到万神殿式的穹顶代表的罗马文明，再到内部肃穆的基督教文明。

上图

彼得罗·比安基，保罗圣方济教堂内部，1817—1824年，那不勒斯，意大利

此教堂除了中央大穹顶，两侧还有两个小穹顶。大穹顶由大理石制科林斯式柱支撑。神龛中放置绘画和雕像。女眷廊和凹格内的花饰是古罗马原型没有的。

新用途　新建筑

新古典主义以简洁纯粹的特色风靡巴黎、慕尼黑、柏林、圣彼得堡、维也纳和米兰。启蒙文化诞生并确立后，这些新涌现的大城市成为新古典主义重镇。新思想是形成了，但日常生活的实际问题也有待解决。

热爱钻研探索，这是新社会的要求。启蒙思想主张“艺术为人人”，所以出现了大型公共艺术作品，直接改变了城市的面貌。

新古典主义最大的用武之地，除了纪念堂和“城市建筑”，便是博物馆、图书馆和剧院。要建立世俗社会，新职能要服务大众，这些都以“国家遗产”为基础。19 世纪欧洲转私有为公有的方式多种多样，比如大革命时期没收财产，拿破仑治下征用财产等。

“世俗国家”推倒了城墙，拆除了巴洛克建筑，没收了教会财产。农民涌入城市，于是空出许多土地可大兴土木，许多旧建筑也可作新用。规划和改建工作给建筑业者提供了许多工作机会。

在此之前，建筑师只为王侯贵族或教会工作。有些统治者会特别青睐某个建筑师，一些宏伟壮观的城市就是这样形成的，如冯·克伦策的慕尼黑、申克尔的柏林、哈布斯堡家族统治下皮耶尔马里尼的米兰、拿破仑的卡尼奥拉。只是时过境迁，法国大革命提出人人平等的启蒙思想。对于公共建筑，欧洲和美国的建筑师要“竞争”，谁都有可能参与。于是“装潢委员会”诞生了，相当于“住房建设委员会”，规范所有建造活动。

下图

莱奥·冯·克伦策，古代雕塑馆，1815—1830年，慕尼黑，德国

路德维希王子对慕尼黑进行了全面的重新规划，想让国王广场变成这个“伊萨尔河边新雅典”的文化广场。这是按古典范例给城市形象加上了最恢宏的一笔。多立克式的山门和爱奥尼亚式的展馆，用来放置路德维希下令购得的希腊、罗马古董再合适不过。在卡尔·冯·菲舍尔的草图基础上，冯·克伦策建造了一座四边形平面的古典式建筑，中间的部分犹如一座希腊神庙，上有三角山花，采用爱奥尼柱式门廊，可通往前厅和两侧，里面的新文艺复兴风格则少了一分肃穆。外墙不开窗，但有神龛点缀，神龛上有三角山花，龛里放着古典神祇和文艺名流的雕像。建筑的四边通过中庭采光。

左图

米凯兰杰洛·西莫内蒂，朱塞佩·坎波雷西，庇护-克雷芒博物馆缪斯厅内部，1775—1790年，梵蒂冈城，梵蒂冈

庇护-克雷芒博物馆为梵蒂冈博物馆的一部分。1771年由教皇克雷芒十四世下令兴建，教皇庇护六世时又扩建。它收藏梵蒂冈最重要的希腊、罗马文物，由八角庭院、百兽厅、雕像廊、半身像厅、假面室、缪斯厅、圆厅、希腊十字厅等12间小厅相连而成。缪斯厅收藏了罗马仿希腊的诗人和缪斯女神雕像，圆厅穹顶则效仿万神殿。收藏的经典作品包括被新古典主义奉为完美的《观景殿的阿波罗》、《拉奥孔》和《观景殿的躯干雕像》。

那时，家具和日用品也好古风。私人收藏被拿出来公开展览。迪朗提出了“外形服从功能”的理念（这一理念十分现代，19世纪末沙利文在芝加哥再次提出）。

希腊文中，“博物馆”一词本指收藏、整理和展出艺术品的公共文化机构。自18世纪中期起，其概念到了现代，变成公众接触艺术的重要场所。这与启蒙文化的确立和传播有直接关系。

文化研究一时火热，启蒙运动又提出“艺术为人人”的思想，不仅绘画和书籍要拿出来展示给大众，在考古现场重见天日的诸多文物也要拿来展览，还有从贵族、教会那里没收来的以及从私人收藏家手中购得的物品。

出土文物数量众多，需要新空间来收集和展示，这正体现出“用途决定建筑形式”。在18世纪的欧洲，转私有为公有的过程和“艺术遗产归大家”这一概念的确立密不可分。人人都可欣赏艺术，人人都可获得知识，这改变了博物馆的建造理念和藏品的整理方式，物品要分门别类放在指定的地方。

一个国家的艺术遗产形成后，“国家博物馆”的形象及功能便也产生了。它要帮助公众建立品位，要具有象征性和代表性。随着启蒙运动兴起，皇室的私人收藏和教会的藏品被瓜分。波旁复辟之前，其他欧洲国家也已按法国模式兴建了自己的国家博物馆。皇室收藏原本只供极少数人欣赏，大革命来临之后也被收归国有。1793年，罗浮宫作为“法兰西博物馆”向公众开放，很快又成为“中央艺术博物馆”，是欧洲第一座大型艺术博物馆。

英国于1759年扩建了大英博物馆。此工程由罗伯特·斯默克主持，新古典主义风格明显，采用巨大的爱奥尼亚式柱廊，主体两侧凸出而中央凹

进。温克尔曼在罗马主持文物工作，罗马的博物馆十分兴盛，之前的私人藏品都拿出来向公众展示。教会高层为限制古董交易，开始立法保护文化遗产，并开放了梵蒂冈博物馆。

但最重要的成就还是在温克尔曼时代的德国。博物馆基本都是从无到有，平地而起，在19世纪的城市建设中有着突出的价值，包括莱奥·冯·克伦策在慕尼黑建的古代雕塑馆（1815—1830年）和美术馆（1826—1828年），卡尔·弗里德里希·申克尔在柏林建的旧博物馆（1823—1828年）。

这些伟大的建筑是启蒙运动中博物馆建造理念的支点，符合时代品位。它们除了有丰富藏品，还有庄严肃穆的古典外形。

这种博物馆形制会用到新的技术，尤其是在法国，有亨利·拉布鲁斯特的复古主义。这改变了建筑的用途——从私人建筑转向了公众建筑。

上图

罗伯特·斯默克，大英博物馆，1823—1847年，伦敦，英国

这是“艺术神殿”的典范之作。希腊复兴风格很好地融入形制中。构图上以四边围绕露天中庭。中央入口两边各伸出一小段，以宽阔的台阶通向门廊，爱奥尼亚式圆柱整齐排开。

城市与大型宅邸

新古典主义时期时，在某些统治者的授意下，欧洲许多首都的城市布局发生了变化，尤其是玛丽亚·特蕾西娅和拿破仑治下的米兰、拿破仑治下的巴黎和巴伐利亚国王路德维希一世治下的慕尼黑。这些改变出于政治意图，要求城市有代表性，同时也是因为人口增长，卫生要求提高。所以出现了区域性的大型规划，建成了许多重要的建筑，给现代都市穿上了新衣。

美国首都华盛顿的规划（1790 年）便是第一批这样的设计之一。美国首任总统乔治·华盛顿亲力亲为，研究方案，为新建筑选择形制。

巴黎、巴塞罗那和维也纳也紧随其后，以尽量实用的态度，合并城市的不同部分，留出扩展空间。城市面貌就此改变。古老的大街焕然一新，以此为轴，资产阶级新贵在城中的寓所顺次排开，风格符合其社会地位，在城外也建起了乡间别院和带花园的别墅。在此社会背景下、在这“启蒙”的时代中，公园的概念诞生了。这是规划城市公共空间的新方法，古老的城市因此有了现代的样子。

英国出现了“新月形”建筑，并以此形式建造了大型宅邸。它们结合地形、贴近自然、整齐排列、面向绿野，是住宅的主要形式，大部分为私人所有。继优美的巴斯之后，又有许多地方效仿这种“新月形”建筑，英国城市尤其多，因为用这种形式，完全可以在绿地间建出高质量的宅邸。

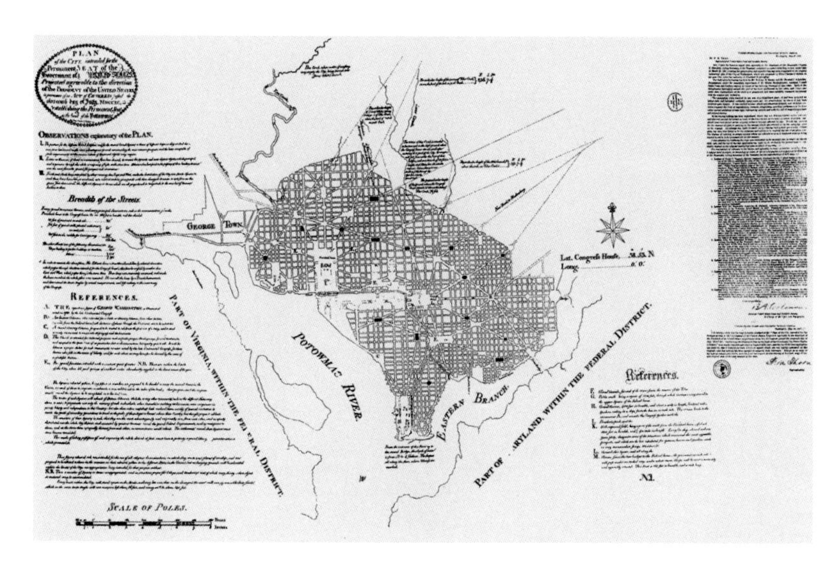

左图

乔治·华盛顿，皮埃尔–夏尔·朗方，华盛顿规划图，1790年

华盛顿方圆50平方千米，背山面水，波托马克河和安那考斯迪亚河流过两侧。法国上将皮埃尔–夏尔·朗方和华盛顿选此为美国建都之地，由前者负责绘制规划图。这是一个宏伟的工程，要将两处新建的公共建筑联系起来，一处是立法权所在的国会大厦，另一处是行政权所在的白宫。国会大厦位于山丘之上，延伸出一条大道为轴，与白宫所在轴线垂直。国会和白宫以对角线的大道相连，从中间的大公园可以看到这两处。以平面图中最重要的两点形成三角形构图，两点位于斜边的两端。

杰出作品

巴斯

英国 19 世纪的城市规划中有很多很有价值的作品，它们试着从建筑的角度出发，通过建筑和造型的元素，为大城市做规划。巴斯是罗马人所建，以温泉闻名。老约翰·伍德熟读维特鲁威和帕拉第奥的著作，喜爱伊尼戈·琼斯重塑的古典建筑。1754 年起，他在巴斯建造了大型现代宅邸，实现了为现代城市穿上新古典外衣的美好梦想。新建的宅邸采用古典语言，典雅庄重，立面统一，遵循和谐、对称、均衡的法则。这种形制由此得以确立。巴斯之后，又有许多地方模仿这种“新月形”建筑，尤其是在英国。因为用这种形制，可以把宅邸建在绿地间。

伦敦的建设是英国 19 世纪最大的城市系统建设，宏伟的构图其实部分取自巴斯的模型。皇家花园内建有一座宅邸，并以一条大路为轴与圣詹姆士宫相连。这是威尔士亲王（后来的乔治四世）的住所。正是他发起了这个建造计划。这条路还穿过了一个废弃的街区，让街区也能因此获益。此计划设想得很好。

下图

老约翰·伍德和小约翰·伍德，巴斯鸟瞰图，1754—1764年，英国

老约翰·伍德采用了广场、体育馆、圆形剧场等形制，并重新演绎。圆形广场由33间房相连而成，模仿古罗马斗兽场的形制。建筑被作为城市规划的要素，一座座建筑连成一体，成为整体规划的一部分。

其子承续了父亲的事业，又建了议事厅（1769—1771 年）和“皇家新月”（1767—1775 年）。后者由30间房连成半椭圆形，伫立在乡野间。

上图

约翰·纳什，坎伯兰联排，摄政公园，1827年，伦敦，英国

古希腊和古罗马的建筑具有世俗性，所以在公共建筑和私人宅邸中运用得最多，而此建筑是建筑群的一部分。

在坎伯兰联排中，可找到许多新古典主义元素。平面图为方形，形体规则，平面、正面和切分都十分对称。此建筑宏伟庄严，水平线条勾勒出动势。各部分整齐划一，经过精心设计。

一排巨大的爱奥尼亚式圆柱给长长的立面带来律动。底座高，采用砌筑面，表面大多光滑。入口在正立面中央。门廊相对两侧凸出。立面上方有浮雕山花。下面开长方形的窗，排列规则。门廊顶部是露台，有女儿墙，平顶。建筑所用材料为大理石等石材，石块涂白并保持形状一致。建筑的形式与功能严格对应，内外一致。建筑本身与其上的装饰相辅相成。装饰清楚明了，不依附于结构。各部以严格的比例组成整体，不可减少，减一处也好像失却关键一部。

法国启蒙运动的新古典主义

法国的新古典主义建筑经历了从皇权专治到大革命的过渡，至拿破仑统治时确立，一直延续到复辟。大革命前的法国，对晚期巴洛克和洛可可建筑的反叛非常坚决。建筑者认为，回归古希腊、古罗马，便能以统一的国家风格之名，摆脱过去。这些想法导致了建筑的改变，对它们的阐述也很明确，因为佩罗、科尔德穆瓦和洛吉耶等人发展出了相关的哲学及建筑理论。而且，法国有些领取国家补助的年轻艺术家，他们之间的经验交流也起到了作用。这些艺术家前往意大利，在罗马的法兰西学院学习，向法国和意大利的景观画师学习。古希腊、古罗马时期的废墟是新风格主要的灵感来源，尤其是罗马帝国时期的废墟。它们的结构、美学及功能被重新解读，再加以利用。立面要平白无饰，圆柱脱离地面（即所谓“自由柱”，上面铺横梁，此模式从洛吉耶的“原始茅屋”而来），形体分布简单却大胆。宫廷建筑师昂热–雅克·加布里埃尔，以及追随他的一代建筑师，转向了更古典的形式语言，比如和谐广场（1753—1754年）以及巴黎其他的公共建筑和皇家建筑。和谐广场修得明晰朴实，灵感来自克劳德·佩罗的罗浮宫立面。新风格体现于革命性的建筑，形体分布新颖，装饰优雅。这种优雅一直是法国建筑特有的。在凡尔赛宫，为德·蓬帕杜尔夫人建的建筑体现了从洛可可向新古典主义的转变，以及加布里埃尔清晰的古典风格。德·蓬帕杜尔夫人是路易十五的情妇。她死后，此宫殿被国王的新欢杜巴利夫人占用。

左下图

雅克·贡杜安，外科学校，1769—1775年，巴黎，法国

此建筑体现了18世纪末法国的新古典主义运动，采用了自由柱，即脱离地面的柱子。立面有爱奥尼亚式门廊，檐壁连续，有女儿墙。入口做成单拱凯旋门的式样，柱子形成其框架。

右下图

乔瓦尼·尼科洛·塞尔万多尼，圣叙尔皮斯教堂，1733年，巴黎，法国

塞尔万多尼是能展现新精神又忠于希腊风格的最早的建筑师之一。巴黎的圣叙尔皮斯教堂中，古典庙宇特有的几何、规整和节奏体现在两种柱式的立面上，上层为爱奥尼亚式，下层为多立克式。主体两侧各有一高塔。

杰出作品

巴黎圣热纳维耶芙教堂

欧洲新文化氛围中，知识分子和艺术家按照传统去意大利游学，在法兰西学院或圣路加学院深造，直接接触过去的各种纪念性建筑，展开与古典的对话。游历帕埃斯图姆诸庙宇之后，雅克－热尔曼·苏夫洛（1713—1780年）习得古希腊梁柱结构的精髓。在圣热纳维耶芙教堂中，他尝试将其与哥特式结构结合起来。此教堂欲与伦敦的圣保罗大教堂、罗马的圣彼得大教堂一争高下，是苏夫洛第一次重新审视结构体系，也是他对建筑最具原创性的贡献。它结合了哥特的轻快和古典的庄重，使用了许多罗马建筑的细节。

苏夫洛想让教堂体现一种新的建筑流派。这种建筑以形体关系融合古典式的均衡和哥特式的结构，替代洛可可细腻入微的风格。这确实是一件革命性的作品，是第一个以宏大的纪念性形式实现“原始茅屋”理念的建筑。

围绕着圣热纳维耶芙教堂的建设出现了许多争议，但它为法国建筑理论的发展做出了贡献。墙体要尽量少，承重要尽量多，两者的正确关系应如何，支持数学比例的人和经验主义者之间有争议，但这个教堂给出了说法。它是法国第一座摆脱过去、采用古典形式的建筑，希腊柱式与哥特式轻盈地结合了起来。尽管这只是结构方面的做法，但它也已经有了同时代新哥特式的线条。

上图

雅克－热尔曼·苏夫洛，圣热纳维耶芙教堂（先贤祠）内部，1757—1789年，巴黎，法国

此教堂的构图对那个年代的法国来说已是一种革命，因为它采用了希腊十字式，类似拜占庭式教堂和一些文艺复兴时期的巴西利卡。十字形每臂5开间，中舱大于两舷舱。中舱交会处，4根墩柱支撑起穹顶，旁边由巨大的科林斯式圆柱撑起拱廊，一线排开，除了有连续的檐部，还有许多穹隆。苏夫洛将穹顶置于立柱之上，还带有檐部过梁，这是种革命性的方式。墙体砌筑时埋入铁架，这种做法很现代。教堂从外部看来十分饱满，由4座小庙宇相连而成，墩柱代替了立柱。正面门廊有24根圆柱，有檐部和山花。穹顶从高高的鼓座上隆起，鼓座一周也有圆柱，好像一种圆形的小神庙“坦比哀多”。法国大革命以后，此教堂被改作法国伟人的纪念堂，失去了宗教的功能。

布莱和勒杜

18世纪新古典主义建筑，也称“大革命建筑”，其标志是法国建筑师艾蒂安–路易·布莱（1728—1799年）和克劳德–尼古拉·勒杜（1736—1806年）如梦似幻的创造，它们体现出纯净简洁的理想。对理性的追寻体现于想象出来的规划，这些设计是洛多利和阿尔加罗蒂的理论发展到极致的结果。而与之形成鲜明对比的是，大革命期间几乎没有新造任何楼宇。对简单、纯粹、理性、规则形状（如球体、立方体、棱柱、金字塔等）的诉求体现于各大原型中。所谓原型，即适用于广泛又充满象征意义的范例，一般采用光洁、连贯的面，色彩单一，不着装饰，凸显结构，宏伟得让观者心潮澎湃。布莱因一系列宏大的想象设计而出名。这些设计作于1780—1799年间，有很强的画面感和明暗感，包括各种形制的公共建筑，以“理性之名”建起，用纯粹的几何形状。他的设计除了国家图书馆，还有：希腊十字式大教堂，每边的门廊有16根巨大圆柱；正方形集中式平面的博物馆，每边由38根圆柱撑起半圆形回廊，共152根圆柱；石棺形纪念堂，高约75米；还有充满想象的牛顿纪念馆。布莱很好地运用了理论，为大革命之后勒杜的成功打下了基础。

下图

艾蒂安–路易·布莱，牛顿纪念馆设计图，1784年

这个完美的球体高150米，有小径环绕，上面种植柏树。内部宛若无尽苍穹，顶盖钻有小洞，光线透进来，犹如满天繁星。空洞的顶盖下安葬着发现了宇宙规则的伟大科学家——牛顿。

威尼托的新帕拉第奥主义

18 世纪时威尼斯文化活跃，影响直达大陆，传到不同的地方，也有了不一样的传承。出现了许多研究、理论和论述，展现出建筑师、艺术家和建筑“爱好者”将新帕拉第奥的语言整理成理性体系的责任。威尼斯建筑师安德烈亚·帕拉第奥（1508—1580 年）的理念被付诸实践，并被整理成理论论著，包括建筑的语汇（即所用元素）和句法（即各元素的组合）、数学比例和均衡和谐等方面，一个基本模块或一个房间的尺寸，要符合整栋建筑的比例，建筑要对称。约瑟夫·史密斯是那个时代最重要的收藏家，他是个商人，也是艺术的赞助者。他在威尼斯聚集了一群英国和意大利的音乐家、景观画家、建筑师，还有贵族建筑“爱好者”，形成一个小圈子。他们的理论交流取得了丰硕成果。不仅威尼斯，英国和美国也都受到影响。人们对帕拉第奥的建筑重新产生了兴趣，是因为伯林顿勋爵发表了一些设计图，这是他在 18 世纪初从伊尼戈·琼斯处购得的帕拉第奥的设计图，而后者又是从温琴佐·斯卡莫齐处买来的。威尼斯的神父洛多利认为建筑应以功能为先，装饰要服从用途，要适用。威尼斯伯爵弗朗切斯科·阿尔加罗蒂（1712—1765 年）对启蒙思想在意大利的传播起到至关重要的作用。他在著述中提出一种全新的建筑，没有任何无用的装饰。托马索·泰曼扎（1705—1789

下图

弗朗切斯科·玛丽亚·普雷蒂，皮萨尼宅邸，1732—1756年，斯特拉，威尼斯，意大利

为了这栋布伦塔河上的“别墅中的皇后”，为家族扬名，弗朗切斯科·玛丽亚·普雷蒂制订了宏伟的规划。别墅主体巨大，带有花园。建造符合委托人简洁宏大古典美的要求。正立面很长，中间主体有一排带基座的科林斯式巨柱，带来律动。下面是高高的粗砾底座，有男像柱，像上额枋与每一柱对应。两翼稍矮，主楼层用爱奥尼亚式双壁柱，窗上有山花，或拱形或三角形。两翼末端各有一带山花的楼体，入口在底层，立面有爱奥尼亚式巨柱，带有基座。

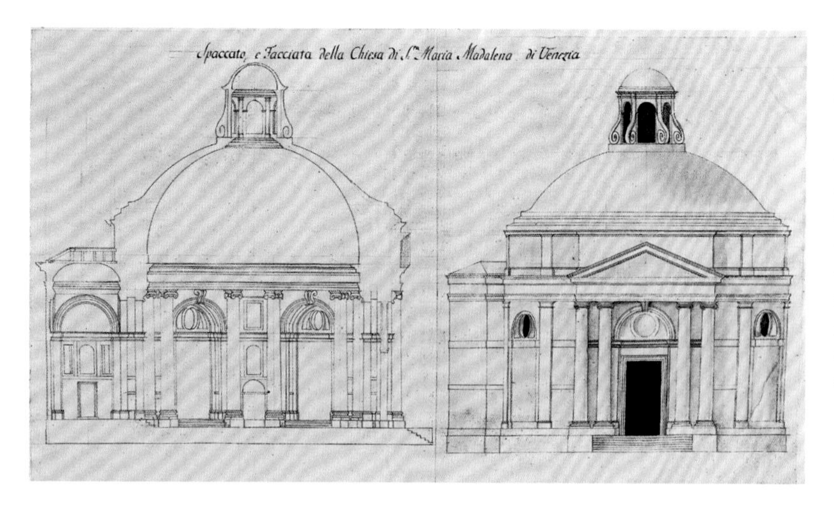

左图

托马索·泰曼扎，威尼斯马达莱娜教堂设计图，1748年

这是威尼斯为数不多圆形平面的教堂，内部则为六边形，是威尼斯最典型的新古典主义建筑之一，灵感源自罗马万神殿。几步台阶通向入口，门两侧共4根爱奥尼亚式圆柱，有檐部，顶带三角山花，半球穹顶上有采光亭。柱式，门廊及白色的主色调，都清晰表现出对建筑的重新解读，而这种解读已进行了两个世纪，是那个时代的建筑大师通过无数次的互相通信得出的。

年）和詹南托尼奥·塞尔瓦（1753—1819年）以更纯粹的古典理想，用新功能和新语法重新诠释了帕拉第奥样式。

罗马法兰西学院的雕刻家安东尼奥·卡诺瓦也以自己的方法融入了新古典艺术的主流。他用“高贵简洁、肃穆伟大”的论调，成功进入威尼斯、罗马、巴黎和维也纳的欧洲贵族文化圈。

彼时，威尼斯共和国不仅是威尼斯本岛，还包括大陆上的一片区域。此地进行了很多建筑方面的尝试，其建筑以帕拉第奥式的古典规则为基础，立面明晰朴素而又威严肃穆，线条和谐，柱廊宏伟，如维琴察的奥塔维奥·贝尔托蒂·斯卡莫齐所建的建筑和乔瓦尼·波莱尼的帕多瓦工程师及科学学院。在特雷维索的卡斯泰尔弗兰克威尼托，一群有亲戚关系的数学家和文人墨客形成了小圈子，对不同知识领域兴趣浓厚，一起实验探索，产生了丰富的科学成果。他们以数学来研究美，认为应将乐理和和弦的和谐比例应用于建筑。这种比例也符合之前的算术和几何。将和弦的音程关系用在建筑上，所得各部之间的比例也对应和弦、模仿和弦。这种比例是音程数学关系的表现，经得起各种理论检测，并能保证建筑的美。他们所遇问题广泛，思考脉络深刻，许多问题都在城堡的用餐室中讨论，通过专注而耐心的分析和争论，将理论和方法系统化，由此形成著述，并运用于实际。

数学模型既可用于几何、物理，也可用于音乐、美学，更能用于建筑。新的理论标准确立，有了公认的设计规范，建筑师们尤其是普雷蒂，才有了通行的形式规则。

威尼托的新古典主义理论在多个文化层面上盛放，逐渐变成18世纪到19世纪欧洲思想的出发点，这些思想最后也回归到此理论。

英国的新帕拉第奥主义

新古典主义在住宅上的应用以英国最为显著，大部分都符合伯林顿勋爵所推崇的新帕拉第奥样式。他于 1719 年研究了帕拉第奥建筑，并于 1730 年将帕拉第奥的设计发表在《帕拉第奥设计的古建筑》一书中。

从帕拉第奥样式出发，建筑语言又开始用元素、语汇来表达。在建筑实践中，形制与规范相结合，体现出永恒之美的理想。18 世纪后半叶及 19 世纪前 20 年，一个特别的趋势是重新认识古典文明，以此为规范寻找新的建筑语言。在英国，这一趋势从私宅的设计开始，尤其是收藏家的宅邸。“博物馆式住宅”的家具装潢都是收藏家品位喜好的表现，由此形成一种特别的氛围。这对体会私人空间到公共空间的过渡、理解住宅建造的转变十分重要。那个时代将古典建筑解读为“经典、画意”，选择它也符合时代文化的口味。英国的建筑爱好者通常也是艺术爱好者，浸淫于文化圈，通常与罗马和威尼斯的圈子有所接触。伯林顿勋爵（1694—1753 年）首先是收藏家、艺术赞助人，其次才是建筑师；威廉·肯特（1685—1748 年）是画家、绘图师；罗伯特·亚当（1728—1792 年）是景观画师克莱里索的好友，其古典主义是学习皮拉内西来的，也学习著述、浮雕和文献记录，并直接采用古典材料。在那之前，罗马帝国时代的建筑还未能被模仿，而模仿它为新建筑提供了合适的理性模型。罗伯特·亚当是 18 世纪英国建筑师中最细致的一位，偏好小型作品，简于外而工于内，令人赞叹。他也是早期以考古发现的浮雕作为形制模式直接来源的人之一，他以罗马浴场为原型，让空间开合有序，房间或方或圆，形成变化的序列。

左下图

罗伯特·亚当，西昂府邸内部，1762—1769年，伦敦，英国

亚当重建了此府邸的结构，在内部的正方形平面上设计了依次排开的大厅和画廊，形式各异，都根据新古典主义装饰的类型来布置。家具也按新古典主义风格制作，以搭配艺术品。空间也做了特别的设计，能容纳这些内饰而不唐突。

右下图

罗伯特·亚当，肯伍德府图书馆内部，1767—1769年，伦敦，英国

这座图书馆的装饰细部标志着英国建筑的转向，从帕拉第奥语言转向在埃尔科拉诺和庞贝发现的希腊罗马的建筑形式。由此展开新古典主义语言在装饰细节上的使用，从家具到粉饰都特别工整。神龛、后殿、自由柱，让空间有起伏，既要有代表性，又要亲密、高雅，正符合委托人的要求。

杰出作品

奇斯威克府邸

伯林顿勋爵于1725年在奇斯威克设计的这一处宅邸，是最早回归古典以重塑建筑的作品之一。其体量和装饰的简化预示着这种语言已超越单纯复古、单纯模仿帕拉第奥、简单表达象征意义，而形成了新古典主义最纯粹的理性风格。其首要的灵感来源是帕拉第奥的圆厅别墅，以及其他来源各异的元素，包括烟囱、穹顶和罗马浴场式的窗户。建筑外观呈规则棱柱形，有前亭，带门廊，正面6根科林斯式柱，侧面3根。门廊用科林斯式，而非爱奥尼亚式，两边单开一口。量度也不再严守帕拉第奥式比例，如门廊上的山花就不合比例。穹顶为八角形，从中央分瓣，四个方向上各开一口，和圆厅别墅一样。内部楼梯符合帕拉第奥式样，在中央主体四角。外部仅正前方和正后方有台阶，为两段式。外观严格对称，内部则不然，房间形状各异（有八角形、圆形、带半圆的长方形、正方形），房间次第展开，各成一体。

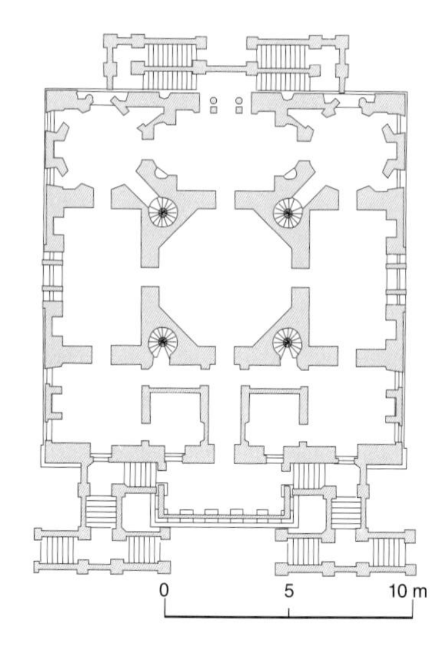

右图和下图

理查德·波伊尔·伯林顿，奇斯威克府邸平面图及外观，1725年，米德塞克斯，英国

新帕拉第奥式和新希腊式的美国

美国发表《独立宣言》之后，追求新建筑语言也是推广新思想的工具和传播新民主理想的有效方式。新帕拉第奥风格在先，新古典主义风格紧随其后，由英国和意大利舶来，又被法国文化调和，非常适合新政府的建筑。有了新古典主义，与古典时代建立了联系，便有许多建筑元素、组合形式、建筑形制可供选择，给公共建筑带来高贵庄严的感觉。因为采用古典风格有象征性，表达一种理想，让人联想到特定风格的模型，如同过去的道德和国民价值复苏，而这在过去被认为是神圣的。

密西西比、路易斯安那、北卡罗来纳、弗吉尼亚等州的庄园府邸中，古典建筑特有的宏伟和谐见证了被英国殖民的历史。这些庄园府邸是种植园主奢华的居所，他们讲究排场，所以立面要有柱廊，楼宇也越来越雄伟庄重。所谓“联邦风格”即欧洲新古典主义的美国版，以简洁、理性、宏大的语言为基础，效仿古罗马建筑的和谐、优雅和均衡。第三任美国总统托马斯·杰斐逊也是建筑爱好者。他在大学期间就醉心建筑，读过英文和意大利文的书籍，钟爱帕拉第奥式。对他而言，古典世界是灵感的最大源泉。在律师生涯之初，他就开始为自己在弗吉尼亚州夏洛茨维尔附近一个叫蒙蒂塞洛的地方设计住所，并以帕拉第奥《建筑四书》中某一册的图为基础。1820 年左右，美国和欧洲的趣味都从古罗马转向古希腊。费城兴建了许多肃穆宏伟的建筑，标志着希腊复兴风格进入了美国。

上图

托马斯·杰斐逊，弗吉尼亚州议会大楼，1785—1789年，里士满，弗吉尼亚，美国

这是美国最古老的政府建筑，也是美国新古典主义建筑最雅致的例子。

左下图

托马斯·杰斐逊，弗吉尼亚大学圆厅，1822—1826年，夏洛茨维尔，弗吉尼亚，美国

右下图

威廉·斯特里克兰，商业交易所，1832—1834年，费城，宾夕法尼亚，美国

这是新希腊式建筑的珍品，效仿雅典的奖杯亭。建筑为半圆形，有科林斯式柱廊围绕。

奥地利的玛丽亚·特蕾西娅及其治下的帝国

玛丽亚·特蕾西娅（1717—1780年）于1740年在维也纳登基时，其治下的国家语言各异，人心涣散，神圣罗马帝国似乎就要分崩离析。她离世之时，从比利时到罗马尼亚的广阔领土却重整旗鼓，帝国又持续了一个多世纪。在大力发展经济的政策下，帝国的大城市有了发展，首先是维也纳，之后是布达佩斯和的里雅斯特。奥地利政府对的里雅斯特投入尤其多，因为它是帝国在地中海的唯一出海口。它作为贸易港是如此重要，所以帝国将其修造得愈加美好。玛丽亚·特蕾西娅是一位明君，她关注内部政策，改善了几乎所有的国家机构，在行政、金融、法治、教育等领域进行了诸多改革。行政方面权力收归中央，教育方面引入义务教育，并没收教会财产供公共教育开销，这也削弱了教会的权力。她推行土地登记，并据此向贵族征土地税，那个年代的地籍册《特蕾西娅地籍册》至今仍保留原名。在玛丽亚·特蕾西娅的统治下，维也纳变成文化之都，知识分子和艺术家纷至沓来，贵族和新兴资产阶级在这里相聚。皇宫大厅里回荡着海顿和莫扎特的音乐。女皇爱会见如彼得罗·梅塔斯塔西奥和维托里奥·阿尔菲耶里之类的文人墨客。其子约瑟夫二世于1780—1790年执政，继续母亲设想的改革，完成了许多建筑。但直到弗朗茨二世掌权时，罗马式新古典主义建筑才进入维也纳。1806年帝国瓦解之前，弗朗茨二世是神圣罗马帝国的皇帝。1804年他成为第一任奥地利皇帝。奥地利帝国伊始，皇帝更要以建筑来做代表，强调国家和统治。19世纪的新古典主义成为皇朝自喻古代盛世的工具。帝国有意选用古典时代的风格类型，暗指当今承袭古典时代，此时的新古典主义更注重与古典建筑的一致。

上图

约瑟夫·希尔德，埃格尔大教堂，1831—1839年，匈牙利

奥地利统治下的匈牙利摆脱了巴洛克的浮夸，一批新建筑出现。此建筑采用巨柱式柱廊，有檐部，宽大的台阶通向门廊，上有山花，顶部饰以雕像，尽显宏大的新古典主义。

左图

彼得罗·诺比莱，人民公园忒修斯神庙，1820—1825年，维也纳，奥地利

此建筑让人想起雅典的忒修斯神庙（供奉火与工匠之神赫淮斯托斯的神庙，是保存最完好的古典建筑之一），是维也纳第一座作为博物馆而建的建筑，用于放置安东尼奥·卡诺瓦所做的大理石雕像“忒修斯勇斗半人马”。此处用古希腊多立克式再合适不过。

哈布斯堡王朝治下的米兰：皮耶尔马里尼和波拉克

在奥地利的统治下，意大利完全意义上的新古典主义诞生并发展于米兰，最重要的人物是朱塞佩·皮耶尔马里尼。玛丽亚·特蕾西娅在位时，经过整顿，米兰获得了很大的自主权，行政、教育、经济和社会都有很大的转变。哈布斯堡王朝的统治得到巩固，玛丽亚·特蕾西娅及其大臣进行了一系列改革。30年间，主要的公共服务建立起来，正是因为特蕾西娅女皇的开明改良。1769年，斐迪南大公的全权大臣卡尔·约瑟夫·冯·菲尔米安邀请因建造卡塞塔皇宫而闻名的路易吉·范维特利来设计主教堂广场的公爵宫（后成为皇宫），随范维特利一起的还有他的弟子朱塞佩·皮耶尔马里尼。修建卡塞塔皇宫时皮耶尔马里尼就已参与，现在范维特利更是把重建主教堂广场旧公爵宫的重任交给了他。此后又过了30年，皮耶尔马里尼终于成为“皇家建筑师”和“工程总督”、奥地利统治时期的国家建筑师，也是布雷拉美术学院的建筑学教授，从1776年学院成立一直任教到1796年。玛丽亚·特蕾西娅，还有约瑟夫二世，有意减少教士修会，征用修道院，又购得许多建筑，社会慈善、教育和行政方面的广泛改革才得以落实。修道院被改为营房、医院和军火库，其地位也随功能而变，奢华不再（如公典会、教堂联合会等）。皮耶尔马里尼所用风格和结构极为清晰明了，又很巧妙地合于先前已有的建筑和规划。不管是大型公共建筑，还是为米兰贵族设计的私人府邸，概莫能外。来向皮耶尔马里尼求学讨教的弟子也越来越多。其弟子利奥波德·波拉克（1751—1806年）建造的贝尔焦约索别墅便是哈布斯堡治下米兰18世纪的收官之作。

下图

利奥波德·波拉克，贝尔焦约索别墅，又称皇家别墅，1790—1796年，米兰，意大利

建于“东门”（现威尼斯门）附近，位于米兰去往维也纳的大道上。别墅门前是熙熙攘攘的公共道路，由皮耶尔马里尼设计。委托人贝尔焦约索伯爵路德维希·卡尔·玛丽亚·冯·巴尔比亚诺于1765年任奥地利驻瑞典全权特使，1769年任帝国驻伦敦大使，1784—1787年任奥属荷兰副总督。此别墅采用新古典主义风格，受法国样式影响颇深。主体有3层，贯以爱奥尼亚柱式。正面有两翼伸出，抱住中庭。雅致的背面采用带凹槽的圆柱，中央及两侧微微凸出，饰以浮雕及神话题材雕像。别墅周围美丽的园林也是波拉克设计的。埃尔科莱·席尔瓦伯爵参与其中。这是意大利第一座英式园林。别墅内部有丰富的18世纪雕像和粉饰，布局既适合仪式，也能满足功能要求，装有暖气和英式卫浴（即马桶）。

新希腊风格

如果说温克尔曼是第一个重新认识古希腊建筑真正特征的人，其祖国普鲁士则已准备好迎接这种理念，并以浪漫、真挚、宏大的古典主义呈现出来。1760—1780年间德国的“狂飙突进运动”、歌德颂扬的画意风格、康德的哲学及其后黑格尔的唯心主义和自我决定论，都在希腊建筑中找到了理想又自然的立足点。道德及公民的价值、自由和爱国情感油然而生。从腓特烈大帝（1712—1786年）到腓特烈·威廉四世（1795—1861年），当时的建筑文化表现为古典主义和浪漫主义的争鸣。直至1806年，神圣罗马帝国之下各个说德语的国家逐渐形成国家意识，新古典主义恰逢开明专制向资产阶级自由主义过渡，方才得以确立。新古典主义初始之时，法式风格与英国的新帕拉第奥主义混杂于德国的巴洛克风格，但在追寻国家身份时，需要崇高和简洁，新古典主义终于自成一派。希腊文化和日耳曼往昔被浪漫地缅怀，英雄式的建筑设计被付诸城市建设。柏林便是如此，在腓特烈·威廉三世的统治和卡尔·弗里德里希·申克尔（1781—1841年）的建设下焕然一新。南德与拿破仑联盟，所以在慕尼黑建设中，“帝国风格”影响了纪念性公共建筑的设计。维也纳会议之后，普鲁士和南德恢复秩序。1825—1848年间执政的路德维希王子想把慕尼黑变成文化中心，尤其偏好建筑师莱奥·冯·克伦策（1784—1864年）的作品。克伦策的作品或仿古希腊，或仿意大利文艺复兴，都是国民理想和崇高道德的象征。

左下图

勃兰登堡门，1789—1793年，柏林，德国

这是第一个仿雅典山门的建筑，从勒鲁瓦的复原图而来。它采用多立克式，但未采用希腊式比例，是新古典主义第一个纪念性的大门建筑，重新演绎了雅典卫城山门的主题（山门，希腊文 Προπύλαια，propylaea，意即“门前”——译者注）。此建筑以砂岩建成，由刚劲的多立克式柱廊撑起，上面有表现神话场景的浮雕，顶上有铜制胜利女神驱驷马车像。两侧建筑对称，按神庙形制建造。欧洲后有多处建筑仿此门。

右下图

卡尔·弗里德里希·申克尔，新岗哨，1816—1818年，柏林，德国

这是一座军事建筑，是皇家护卫队总部，也是拿破仑战争中战死德国兵士的纪念堂。外观均衡肃穆，采用多立克式6柱门廊。

杰出作品

瓦尔哈拉神殿

腓特烈大帝设想了一个雅典卫城式的构图，由莱奥·冯·克伦策重新设计，在雷根斯堡建成了瓦尔哈拉神殿。这是对帕特农神庙的浪漫诠释。巴伐利亚国王路德维希一世在1807年访问拿破仑占领下的柏林时，想到要建一座纪念馆以团结所有日耳曼人，便萌生了为史上所有德国伟人建国家纪念堂的想法。“德国人的万神殿”怎么建，原有好几个方案。1813年拿破仑兵败莱比锡之后，又进行了公开征选。瓦尔哈拉这个名字来自北欧神话，是所有英雄之灵由奥丁侍女带领赴宴聚会之地。克伦策在征选中胜出，但1819—1821年间他又修改了设计，终于在1830—1842年间建成。神殿位于山丘之上，从百米高处俯瞰着多瑙河。它以灰色大理石为材，蜿蜒的台阶经过几级平台后，通向高高台基之上的神殿。隽永的景色中，建筑师设计了一座旷古至今最宏伟的庙宇，让人想起上古圣城（远古时期亚述及巴比伦的一种平台式建筑，顶上有神殿——译者注）和巴别通天塔。

建筑被赋予了这样的崇拜含义，古希腊的设计和象征可尽情利用。其结果令人赞叹，体量大小有致，台阶高阔，有敦实之感。

上图

莱奥·冯·克伦策，瓦尔哈拉神殿，1819—1842年，雷根斯堡，德国

“理解希腊理念，并继续其高贵的设计，没有什么比这更重要、更可取的了，但生搬硬套最该批评。”莱奥·冯·克伦策在《建筑设计集》（1830年）中如是说。此建筑希望以具有象征意义的希腊式样让人想起古典建筑中最高贵的帕特农神庙，于是采用了围廊式多立克庙宇，短边8柱，长边17柱。山花也和帕特农神庙一样，刻有寓意深长的浮雕，浮雕内容为拿破仑战败和公元9年日耳曼部落打败罗马军团。

卡尔·弗里德里希·申克尔

卡尔·弗里德里希·申克尔（1781—1841 年）终其一生为公共建筑服务。他曾在柏林建筑学院求学。此学院既借鉴了布隆代尔的建筑学院，又受到巴黎综合理工学院的启发，强调建筑的均衡、功能和经济。作为理性主义者和结构师，申克尔追随弗里德里希·基利的脚步，在新柏林的中心留下了深深的印记。那时，柏林是普鲁士的首都，城中高涨的爱国热情和文化身份认同形成了新的行政及教育体系，城市也面貌一新。在统治者腓特烈·威廉三世和四世的推动下，再加上认为建筑应有公共责任，申克尔转向了浪漫国家主义。1815 年，他负责监督新公共建筑计划，为城市制订了发展方案。其中有许多新型建筑，如歌剧院（1818—1826 年）和旧博物馆（1823—1828 年）。其风格和同时代其他德国建筑师一样，更偏向古希腊而非罗马帝国，故意趋避时代霸主法国所钟爱的形式，为国家身份的形成做出了贡献。申克尔常选用森严庄重的多立克式或爱奥尼亚式，经常使用梁柱结构，檐部很长，有雕刻山花。对申克尔而言，建筑不仅是一种风格的体现，更要合乎环境和社会。他尽可能模拟古希腊建筑的方法和造型，改良建筑形制，以适应现代对光线、公共空间、聚会场所的要求。

下图

卡尔·弗里德里希·申克尔，夏洛滕霍夫宫，1826—1836年，波茨坦，德国

申克尔曾说："建筑是大自然建造工作的延续。"他为腓特烈·威廉四世设计了这一处宫殿，就在皇家无忧宫花园一侧。此建筑与四周景物相融合，采用多层构图，显露出申克尔的置景功底。此建筑有两层，雅致无雕饰，水平展开。斜坡之上的入口处有突出的多立克式门廊，利用地势藏起两侧及后部开窗的第一层。门廊的设计修改了维特鲁威的比例，内部墙面的粉刷也是申克尔自 1824 年去过庞贝古城后越来越多采用的风格和颜色。

杰出作品

柏林旧博物馆

此博物馆正面水平展开，18 根爱奥尼亚式圆柱立于台基之上，宽大的台阶通向入口。表面明净的白色增强了对称，突出了新古典主义风格。比例明晰，缓和了门廊的巨大。檐部上方饰以雄鹰的形象。建筑平面为方形，有展览用的画廊，中间有一立方体，立方体内有一圆厅，周围一圈立柱环绕，天花凹格仿万神殿。从外可见立方体的顶，四角有雕像。采用连续檐部，入口又开在长边，不似典型的古希腊神庙，倒更像一种有顶的柱廊。

上图和右图

卡尔·弗里德里希·申克尔，旧博物馆外观及内部，1823—1828年，柏林，德国

帝国首都巴黎

罗马帝国的建筑原型极好地服务了拿破仑，适合其野心。

18 世纪末至 19 世纪初的几十年中，新古典文化除万神殿外其实更爱用其他罗马建筑模型，如凯旋门和纪念柱，后者以罗马图拉真纪念柱为范本。这两种建筑纷纷立起，彰显国力强盛。

获法兰西艺术院大奖的作品中，每年出给美术学院弟子的题目中，都有“图拉真”柱式的建筑。顶端通常饰以雕像，如自由女神、国家女神、着罗马服饰的拿破仑像（给拿破仑穿上古罗马的服装，也就是不把他归于当时，而是超越了时代）。凯旋门也作为孤立的建筑在欧洲各处出现，忠实地效仿了提图斯、君士坦丁、塞维鲁等凯旋门。

仿古是为了立今。公元前 4、5 世纪希腊的宏伟雄壮的简洁成为高尚道德及公民价值的象征，新古典主义第一阶段（1765—1830 年）的建筑师竞相模仿。第二阶段正值帝国如日中天，罗马风格为权力所用，为其歌功颂德。

拿破仑慷慨资助艺术，但只是把艺术当作施政的工具，用来彰显军功，纪念外交成就，展现富丽堂皇的宫廷，向法国及欧洲传达一种强大统一的形象，这也是他想让帝国表现出的形象。整个巴黎和米兰的城市规划和建筑都因拿破仑的意志而改变，以放射状的历史街道为轴建起许多纪念性建筑，如同向外发散一般。建筑的形象也要表明它要象征什么，如星形广场（现名戴高乐广场——译者注）凯旋门和卡鲁索凯旋门。纪念柱也在全欧洲各地竖

上图

夏尔·佩西耶·皮埃尔-弗朗索瓦-莱昂纳尔·丰坦，卡鲁索凯旋门，1806—1810年，巴黎，法国

再现了罗马帝国晚期的凯旋门，三开间，中间的拱门比两边的高。上面的檐部很高，密布装饰。再上面是希腊式的三匹马铜马车，作为整个建筑的顶部装饰。

柱脚平白无饰，并没有像君士坦丁凯旋门那样用一些常规雕像作为装饰。

左图

让·沙尔格兰，路易－罗贝尔·古，让－尼古拉·于约，星形广场凯旋门，1806—1836年，巴黎，法国

星形广场的凯旋门位于香榭丽舍大道的开端，由拿破仑下令修建，以纪念其"雄师"在奥斯特里茨一役中击败俄奥联军（1805年）及其他军事功绩。工程于波旁王朝复辟期间辍止，1833年在路易·菲利普治下再度开始，并于1836年完工。这个凯旋门高50米，宽45米，和贝内文托的古罗马图拉真凯旋门一样，只在中央开一门洞，四脚粗壮有力，檐部以上有顶饰。四脚下方饰有寓意深刻的浮雕，分别是"胜利"、"抵抗"、"和平"和"出征"。最后这个也称"马赛曲"，背生双翼的女人正指挥士兵作战。檐壁雕刻表现了法军出征和归来。

起，最典型的便是巴黎旺多姆广场的纪念柱（1806—1810年），是图拉真柱的拿破仑版。

君士坦丁凯旋门本建在古罗马广场之内，只是个宏伟的象征物，而依此形制新建的凯旋门则是实实在在的城市通路之门，用于纪念崇高的人或事。

巴黎的星形广场凯旋门（1806—1836年）和卡鲁索凯旋门（1806—1810年）、米兰的和平门（1807年），都由古罗马的君士坦丁凯旋门变化而来。形制简单，效仿古罗马军事模型，表现拱门的高贵外形。凯旋门在城市里，人们聚集于此，城市便成为大家的家。不仅是单独的建筑，整个城市的规划也体现了帝国的强大。新公用建筑的设计得到了支持，如图书馆、法庭、浴场、剧院和大会堂。

奥斯曼为巴黎制订的改造计划的要点之一便是大型纪念建筑之间要隔一段距离，让人能尽量看清它们。纪念性建筑之间的城市建筑也体现出象征意义和此地的特点。奥斯曼改造计划的创新之处，在于将城市作为一个整体来设计。为19世纪的"欧洲之都"巴黎所做的规划，可不仅仅是为了解决一时之急，而是更宏大计划的一部分。内容包括：建立东西、南北两条轴线，深入中心城区，辅以其他放射状轴线；建立林荫大道系统；周边建起环形立交；重整城市中大型道路的交会处，如星形广场、歌剧院广场、特罗卡德罗广场；西岱岛拆迁；重建、新建大型城市公园；拆除老城区以构建路网，将最重要的建筑放在最重要的地方。

36页下图

雅克·贡杜安，让－巴蒂斯特·勒佩尔，旺多姆广场纪念柱，1806—1810年，巴黎，法国

1800年，督政府想把图拉真柱从罗马搬到巴黎来，因其被看作英雄时期的纪念建筑，寄托着古罗马往昔的美好，是城市规划中不可替代的元素。于是公开征选，要打造两根纪念柱，以庆祝拿破仑的胜利，打算放在协和广场和旺多姆广场。

旺多姆广场的这根青铜柱，是最著名的按罗马形式打造的纪念柱，灵感直接来自图拉真柱和马可·奥勒留柱。覆盖柱身的青铜板由缴获的敌军大炮熔铸而来，柱身浮雕记述了拿破仑的壮举。柱顶有拿破仑像，着古罗马皇帝装。

拿破仑时期的米兰

1796 年，拿破仑受命于督政府（大革命后最高执政机关），在意大利组织运动，要把意大利从奥地利人手中解放出来。1797 年 7 月 9 日，奇萨尔皮尼共和国［意为阿尔卑斯山脉这一边（相对罗马而言），又译阿尔卑斯山南共和国——译者注］在米兰宣告成立，包含现在的伦巴第大区、威尼托大区和皮埃蒙特大区的各一部分，以米兰为首都。在埃及征战两年后，拿破仑于 1799 年回到祖国，发动政变，推翻了督政府，成立了执政府。1800 年 5 月，拿破仑再次南下意大利，保卫共和国，抗击奥地利。马伦哥一役中，拿破仑的军队取得胜利。

1802 年，米兰是拿破仑治下“意大利共和国”的首都，1804 年又成为后继的“意大利王国”的首都。于是继巴黎之后，米兰也在帝国中担任起十分重要的角色（1805 年 5 月 26 日，拿破仑正是在米兰大教堂加冕为意大利国王的）。和巴黎一样，米兰也应有首都的风貌，担负的功能要和宏伟壮观的理念一致，符合公共空间的新概念，因为公共空间正是现代国民生活的舞台。

法国的统治加快了以往政权下一些已初露苗头的变化。拿破仑代表了法国大革命自由、平等的新理念，资产阶级和民众都很欢迎他，尤其在玛丽亚·特蕾西娅的改革倒退之后，而且这些改革因约瑟夫二世的死而中断。米兰成为活跃的中心，争鸣不断，报纸广为发行，形成了许多文化圈子，全意大利的文人墨客和知识分子都相聚于此。此后 9 年，拿破仑的养子欧仁·博阿尔内代国王行治理之事。在城中兴建新广场的计划和想法渐多，也完成了许多纪念性建筑。“装饰委员会”（现建筑委员会的前身）诞生了，从制度上

左图

鲁道夫·万蒂尼，东方门征税所，1827—1833年，米兰，意大利

经过征选之后，布雷西亚人鲁道夫·万蒂尼提出了一种新的城门模型，彻底放弃了凯旋门式的形制，改为建两座相对的房子，代表城市的主要入口。不再有罗马式的拱门（这是法国统治的意象），而是两座宏伟的楼宇，中间也没有拱券相连。自此建筑开始，米兰的城门都做成了两屋相对无拱门的样式，如沃尔塔门、胜利门和热那亚门。

协调和管控工程，以利整体和公共财产，形成有机、规范的城市规划，用广场和笔直的大道改造已有的环状放射结构。法国自 1808 年起为公共用途拆迁征地，逐渐形成特有的城市及建筑特征。为了空出地方，通常的提议也只是拓宽、修直道路，拆除中世纪的城门，将收归的教会财产（如修道院等）作他用（如营房和学校）。拿破仑时代米兰的城市规划很宏伟，实现的却很少。这一时期虽然短暂，却有很多改变城市的机会和设想，但要到意大利统一后才得以实现。

19 世纪在米兰建起的各城门体现出了城市景观如何随政权更迭而变化，尤其是哈布斯堡治下的皮耶尔马里尼和拿破仑治下的卡尼奥拉这两位模范建筑师的作品。至 18 世纪末，米兰城围所开之门都是连通城市与乡村的“入口”。城墙呈环状，首要道路是通过罗马门去往皮亚琴察的路，那是伦巴第平原的枢纽。米兰开始改建西班牙遗留的防御工事、将路网系统化之时，部分城墙被推倒，城门也被重建，以设置道路征税所。1787 年，皮耶尔马里尼受命将防御工事改作民用，开辟大道，方便马车和行人通行。皮耶尔马里尼所用的方法是在道路两侧设小房屋，“不让拱门挡住最美丽的城市”。

米兰作为拿破仑意大利王国的首都时，森皮奥内路成为主要道路。奇萨尔皮尼共和国由法国人统治，去往法国的方向自然成为最重要的方向。城市的这一部分被大规模重建，开辟了新的道路，又建一城门在城堡轴线上，与城堡直通。

1807 年起，按照卡尼奥拉的设计建成一拱门，先起名为拿破仑门，后改名森皮奥内门，又称胜利门，最终定名为和平门。

1815 年后，奥地利卷土重来，森皮奥内路被弃，东方门通往维也纳的蒙扎大道受到重视，鲁道夫·万蒂尼设计建造了宏伟的征税所，大大改变了皮耶尔马里尼的小房屋式设计。他围绕原防御工事开辟了林荫大道，将一些旧城门改建为新古典主义风格（如东方门和提契诺门），又新建了一些城门，形成了城市扩展的新模式。

1800 年，米兰作为伦巴第的首府，共有 11 道城门（米兰城门的命名一般以通向的目的地为准，通向哪里就命名为什么门——译者注）：罗马门及附属的维珍帝诺门、东方门及附属的多萨门、新门、科莫门（现称“加里波第门”——译者注）及附属的“钳子门”、森皮奥内门、韦尔切利门、提契诺门及附属的卢多维科门。此外，水道上还有两门，圣马可闸和瓦伦纳闸（现“水闸路”）。至 19 世纪末，米兰的城门不再有行政作用，也就不再重要，它们的命运也就此终结了。

上图

路易吉·卡尼奥拉，和平门，1807 年，米兰，意大利

1807 年，卡尼奥拉开始在去往森皮奥内的道路路口兴建这座建筑。它仿照巴黎的卡鲁索凯旋门，完全符合帝国的品位。30 年后终于建成，那时与原初的设计已有不同，因为哈布斯堡王朝已重掌米兰。此门为罗马凯旋门样式，帝国晚期风格，三开间，上有希腊式六驾马车。两侧有两屋，每屋仅中央有一拱，遥相呼应。

沙俄首都圣彼得堡

18 世纪末至 19 世纪初，主要的新古典主义建筑师在北国之都（即圣彼得堡）找到了用武之地，俄罗斯受到了欧洲建筑文化的感染。莫斯科虽然也换上了新古典主义的外衣，但远未达到沙俄首都圣彼得堡那种程度。至 1760 年左右，在开明的亲法女沙皇叶卡捷琳娜大帝统治下，巴尔托洛梅奥·拉斯特雷利的洛可可式建筑仍有一席之地。新古典主义被引入圣彼得堡，是为了在建筑上打造一座欧洲之都，所以整个城市留下了深刻的罗马帝国式的印记。叶卡捷琳娜请来许多外国建筑师和艺术家为其工作，其中有许多意大利人。有一人名为夸伦吉（1744—1817 年），在意大利几乎没有作品，却是叶卡捷琳娜时期的俄国皇家建筑师。他结合了俄罗斯多姿多彩的建筑传统，配合规划翻新的要求，形成了一种适合沙俄首都的风格。在众多用聪明才智为沙皇服务的意大利建筑师中，他是最出名的一位。当时建造了公共建筑、私家宅邸、桥梁、剧院、医院、教堂，还有皇宫，一切建筑都符合功能的需要。

拿破仑战争期间，在亚历山大一世的治下，俄国已能与其他欧洲大国抗衡。1807 年，的里雅斯特议和后，拿破仑将欧洲一分为二，一部分由法国控制，另一部分则交给俄国。但拿破仑还是于 1812 年入侵了俄国，却兵败而归，并于 1814 年退位。沙皇趁此机会建起一系列气势磅礴的新古典主义风格建筑，此工程由那不勒斯人卡洛·罗西监理。这些建筑极为复古宏大，采用意大利和法国古典复兴的样式，彰显帝国政治上的强大。

下图

贾科莫·夸伦吉，俄罗斯科学院，1783—1785年，圣彼得堡，俄罗斯

博学的叶卡捷琳娜大帝兴建了超过 25 所学院，新古典主义风格的科学院便是其中之一。夸伦吉原来是学绘画的，他在写生、绘制古罗马建筑和帕拉第奥式别墅时，渐渐转向建筑。他将典籍和帕拉第奥的样式结合起来，发展出一种简洁宏伟的语言，在新风格的确立中也尝试了许多自创的方法。

左图

安德烈·扎哈罗夫，海军部大楼，1806—1815年，圣彼得堡，俄罗斯

海军部所在地原是有防御工事的造船厂，1806年几乎全部重建，采用新古典主义风格。原塔楼和尖顶被保留并改造。立面长400多米，中央有一宏伟的四面柱廊，饰以浮雕和雕塑，讲述俄国舰队的丰功伟绩。其上有古代英雄、四季、风神和保护神祇的雕像。海军部塔楼是整个圣彼得堡城市规划的中心，涅瓦大街、马约罗夫大街和捷尔任斯克大街三条主干道由此分岔而去。

下图

卡洛·罗西，冬宫广场，1830年，圣彼得堡，俄罗斯

在亚历山大一世统治时期，建筑既保持了歌功颂德的意图，又要符合现代城市对功能的要求。沼泽地上建起了公园和花圃，涅瓦大街被翻修一新，沿河修起许多建筑。这些工程并不奢求大规模重新规划城市，只是要在原有建筑中插入一些新建筑，使其相融，形成符合新构想的城市小片区。冬宫广场运用帝国式新古典主义，体现了通过建筑彰显权力的意愿。凯旋门，加上俄国总参谋部和外交部的旧址，形成一个长600米的半圆形。

画意派与哥特复兴

18 世纪时，随着耶稣会传教士越来越精确的描述，远东的艺术被欧洲发现。这些描述随出版物流传，当时的文化氛围又正适合，一时间远东艺术蔚然成风。洛可可就已汲取了中式装饰风格，而这种风格又渐渐按西方的审美有了新的发展。

18 世纪 50 年代，伦敦成为这方面书籍的出版中心。欧洲主要宫廷的画师和装饰师，让・皮耶芒于 1755 年发表了《中国装饰新编》一书，概括了经过重新设计的中式风格，威廉・钱伯斯在 1757 年发表的《中国建筑的设计》一书中，整理了他多次游历中国时所做的记录。中国风不再是一时的心血来潮，而是变成了灵感的源泉。欧洲从中国进口了许多贵重器物和瓷器，以新方法展示出来，用于家具和室内装饰，中式图案精致地铺满所有平面。

1750—1830 年间，随着英法的殖民扩张，以及拿破仑支持的考古发掘，欧洲对遥远的埃及和印度那多姿多彩的风貌兴趣十足，后逐渐形成一股时尚潮流，将这一品位带到艺术和建筑领域。东方建筑的一些标志性特色被采用，如莫卧儿洋葱头式穹顶、多叶形拱、宣礼塔、方尖碑、金字塔等。自 1850 年起，各种用途的建筑中都出现了这些东方元素。英国的浪漫主义主张表达要完全自由，于是遥远世界的东西也可容纳，在建筑中表达最贴切的感情和想法，这为德国的“狂飙突进运动”创造了前提。自 18 世纪中叶起，英国就引领了造型艺术运动，为新哥特风格埋下伏笔。

下图

查尔斯·布里奇曼，威廉·肯特，鲁沙姆花园宅邸一隅，1719—1740年，牛津郡，英国

与此同时，埃德蒙·伯克所谓“至高的诗性”得以确立，并被作为强烈情感的来源，在建筑中通过强化明暗效果、使用大尺寸来达成。这为“画意之美”打下了基础。这种审美将自然、建筑、诗歌、绘画、园艺融合在一起。同时，理性精神的确立也让喜好自然的感情渗透进了文化的每一个领域。18世纪前半叶，在英国诞生了一种新的园林设计理念，以威廉·肯特和兰斯洛特·布朗为代表。他们带起的这种趋势在贵族和大资产阶级中极受欢迎，产生了所谓的英式景观园林，即不刻意修剪，让草木自由生长。

园中既可见希腊“废墟”，也有哥特式尖塔。浪漫主义–古典主义这一时期的美学认为，古希腊风格和中世纪的哥特风格都是出路，都可用来医治洛可可的轻浮。

这一时期有许多景观画师，喜欢画“废墟随笔”，即以古典神庙为题、以浪漫主义手法画景观的水彩画。英国人霍勒斯·沃波尔是这一文化倾向的先驱。他在自己草莓山的宅邸中，就已开始效仿古风，用一种哥特复兴风格。此后有上百座迷人的乡村宅邸、别墅、奇异的中世纪风格宫殿，都跟随它使用新哥特风格。

通过歌德（1749—1832年）的诗和画意派的出现，哥特风格复兴，这是当时正在统一道路上的一些国家（如意大利、德国）的国家及个人浪漫主义建筑最重要的表达形式。怀念中世纪的过去也表达了一种复兴的力量。看向古典和看向中世纪是一个道理。

哥特复兴是画意风格在建筑上的表现，在英国发展得尤其充分。英国的哥特传统似乎从未间断。也许正如肯尼思·克拉克所说：“哥特复兴是英国的运动，也许是造型艺术中唯一一个纯粹英国的运动。”整个19世纪，园

左图

朱塞佩·韦南齐奥·马尔武利亚，中国大厦，1799—1802年，帕勒莫，意大利

马尔武利亚受过学院派的新古典主义教育。这是他为波旁王朝的费迪南多四世所建的宫殿，位于费乌瑞它公园内。建筑师糅合古典元素和异国风情。此处本已有一木结构的宫院，也是中国风。建筑师保留了东方风格，用低矮的鼓座撑起塔顶，下为八角形。底层尖拱形成一拱廊，两段式台阶通向半圆形的门廊。

两侧各有一阿拉伯式小塔，内有螺旋形台阶。宫殿顶层为露台，被藤架分为几段，有种顿挫感。外墙面在赭红的热烈色调上施以装饰，是18世纪的手法。

林里都喜欢设置些废墟或者中国风的建筑物。那一时期还有另一种形制的园林，采用摩尔风格，十分具有异域感，这也是当时风气所向。随着殖民的推进，那些遥远而特别的国度也被人们发现。草地上立起亭台楼阁，大片绿地与小桥流水间点缀着高塔与斯芬克斯像。异国风情令人着迷，摩尔风、埃及风和莫卧儿风格最受钟爱，更让折中主义达至顶峰。建筑师混用各种风格，摆脱了学院派条条框框的约束，设计更加天马行空，不再循规蹈矩。

景观园林

18 世纪新哥特风格的贡献，在“画意派”的诗性和园林艺术中有最重大的意义。对异国风情的喜好，对景观的看重，拓宽了人们的视野，让人们见到此前未见过的风景，发现了新的表达方法。人造元素亲近自然，高塔、小亭子、小桥间设置些假的废墟，弄些假山假石，很快在 1750—1790 年间形成影响，并持续了整个 19 世纪，这就是英式的、带有中国风的景观园林。

兰斯洛特·布朗（1716—1783 年），因其造园能力十分了得，又被称为“能人布朗”。他设计了 170 多座园林，对英国园林艺术影响重大，尤其是查尔斯·布里奇曼和威廉·肯特所建的园林。布莱尼姆宫花园中的邸园，其特色就是不规整的草地，小径交错，点缀着溪流池塘，从任何一处都无法窥其全貌。

与法式、意式的园林相反，英式园林要故意显出自然野性，而非刻意雕琢，人为所做要不露痕迹，要给自然留出空间，任其恣意生发。

由此，园林艺术家不用“修木术”，即修剪树枝，让树木呈规则几何形状的技术；也不设花坛，而是造不受限的园林，整个园林拥抱周边自然，直到地平线上的隐篱。用隐篱，既能与外界区隔，又不会让景观看起来戛然而止。

上图

约翰·纳什，英皇阁，1815—1823 年，布赖顿，英国

纳什最出名的作品既不属于新古典主义，也不属于新哥特风格，而是这座无拘无束的异国风情作品。这座“别墅”是为后来的乔治四世修造的，此处本已有一座帕拉第奥式的建筑。纳什是“画意派”的后人，他在此采用对称的布局，外观融合各种风格，充满奇思妙想，宛若《一千零一夜》中的城堡。这种混杂的风格引领了之后几十年的趋势，最终成为整个世纪的风潮。

殖民时代的英国将印度风格作己用，这一风格出于莫卧儿王朝的蒙古、突厥人，采用多叶形拱、马蹄形拱、镂空栏杆和拱顶，雕花基座上放置多边形墩柱，拱顶形如洋葱头。此建筑中间有一圆厅，这可算古典的布局，但旁边置许多小宣礼塔，中央大穹顶之后还有一哥特式小塔。

上图

亨利·霍尔二世，斯托海德庄园一景，1741—1780年，米尔，英国

透过画面也可见建筑与自然的关系：景观画师洛兰、普桑、杜黑、萨尔瓦托·罗萨等人的“随笔写生”中，还有“意式”风光中，总会放些古迹废墟，提醒人们逝者如斯。楼宇神庙倒映在湖水中，有一种永恒不朽之感。

园林布局不对称，通过缓坡、三三两两的树木与环境融合，喜欢用小径、小溪，取其蜿蜒逶迤。园林中树影婆娑，光线明灭。

19世纪，随着城市的大型规划，城中建起了公园，其概念也越来越细致，被作为城市居民享有的自然空间。17—18世纪，新的城市公共空间设计方法渐渐确立，支持了向现代城市的过渡。各大首都中的皇家花园向公众开放，已经有了公园的先兆。

英国的城市公园向所有人开放，真正是全欧洲的模范，其发展远超法国的公园。英国园林中常放置些假的废墟古迹，以引发建筑上的奇趣。这些假古迹先是用希腊罗马的古风，之后用哥特风，再然后就越来越混合。

斯托海德的这处庄园中，园林以一片大湖为中心，湖边有堤坝。风光效仿主人收藏并钟爱的那些画作。园中有埃及方尖碑，哥特式高塔。一座小山上，阿波罗神庙俯瞰着园林和湖泊。

哥特复兴

18—19世纪，哥特复兴经历了许多不同的风格阶段，从17世纪混合了异国风情和画意古迹的哥特式洛可可风格，到19世纪上半叶英国所建教堂的哥特风，从19世纪中叶教会学家和皮金的哥特风，到19世纪末维多利亚式的哥特风。

随着1750年草莓山宅邸的建成，新哥特从纸上谈兵进入建筑实践阶段。自此以后，许多乡村宅邸自觉或不自觉地复兴中世纪风格。

1810年左右，对中世纪的模仿需要更严谨的结构形式。哥特复兴走出了乡村宅邸的范围，影响到建筑技术（如哥特式教堂垂直向上的尝试），也影响到思想（因为哥特式多用于宗教建筑），表达出国家身份认同（因其表达了国民的感情）。

有许多关于中世纪建筑的书得以出版，建筑师从中可以获得新的建筑语汇，也了解到许多考古内容。“哥特”一词的含义也发生了反转，这个词原指“野蛮”。在主要的意识形态基础上，那个时代开始了价值更新的过程，产生了宗教和社会的诉求。通过对英国中世纪建筑——如房屋、城堡和修道院等——进行系统分析，并对罗曼建筑中乡村屋舍的形制、宅邸和城堡进行历史研究和造型归纳，总结出哥特建筑的风格特点，人们认识到不同哥特风格有不同的特征和规则，从罗曼式哥特，到早期英国式哥特，再到装饰性哥特，直到“垂直哥特”。

在歌德和黑格尔时代的德国，哥特复兴已有理论基础，但真正成为一种思想，还是从皮金的作品《对比：中世纪高贵建筑和当今对应建筑平行比较》（1836 年）开始。他于此年开始建造英国议会大厦。此外还有 19 世纪 50 年代左右拉斯金的著述，莫里斯和维奥莱-勒-杜克的理论与实践。

国家主义理想使人们的目光转向每个国家在小城镇时代的历史传统，转向每个国家各有其特色文化和风格的“古今之间的中世纪”。从这个观点出发，晚期的“垂直哥特”被看作英国的自主创造，其形式语言也被选来用于新建筑，让新建筑体现出其特色。在建筑结构和外观的关系方面，新材料的引入使得建筑从骨架开始就被设计好。同时，外观布置也很受关注，因为外观被当作建筑的“皮肤”，能表达意义，是外部与内部沟通的工具。建筑又被引向了其手工艺的发源，寻找与本体的古老联系。

英国的约翰·拉斯金（1819—1900 年）反对现代时期艺术作品背离自然，他建议采用中世纪的建造模式，将其作为绝对的准则和艺术作品完整统一的标志。他推行哥特风格，尤其是威尼斯的哥特风格，将其作为那个时代建筑的模范。

法国的欧仁·维奥莱-勒-杜克研究哥特风格后，尤其欣赏其思想力量。他的注意力主要集中在大教堂立面上。他认为可以使用现代材料，只要保证“建造方法和方案的真实”即可。

修复理论也诞生了。这是必须以科学眼光看待建筑及其构件的结果。实际上，修复也被看作一种风格设计。

这样的修复理论和对中世纪建造方式的推崇传遍整个欧洲，主要的推动者包括乔治·吉尔伯特·斯科特、卡米洛·博伊托、焦万·巴蒂斯塔·梅杜纳。哥特风格极具弹性，高塔、扶壁、后殿、前亭高低不同，错落有致，继承了中世纪的大教堂和城堡特征，加入金属结构和玻璃部件也不突兀。金属结构和玻璃部件本是现代特色，但新哥特风格的建筑纳为己用，十分自然。

19 世纪的前几十年，学院风气流于言辞，又无意识形态的沃土，整个欧洲大陆都是如此。

只有哥特复兴和新材料、新技术的使用，鼓舞建筑去充当国家形象的表达。除了几个主要在于立面的世俗化建筑，新哥特主要用于教堂建筑，自英国

上图

约翰·纳什，布莱斯村落，1811年，布里斯托尔-亨伯里，英国

按委托人的要求，纳什造了许多村舍，在哥特各风格间游刃有余。但他最成功的还是模仿农屋造的小型乡间宅邸，表达对田园生活的向往，尽管周围环境已然十分城市化。在布里斯托尔附近，他严格按照画意风格设计了整整一个村落，乡间小屋散落在一片大草地的周围，屋顶以木头和茅草搭成，带老虎窗，顶上露出一小截烟囱，墙面开窗。

开始，将皮金的宗教感和维奥莱–勒–杜克的功能主义结合起来。

和英法一样，在欧洲其他国家，哥特式也成为修复古迹所用的风格。在德国，对哥特风的模仿自 1842 年重修科隆大教堂开始。这一工程中世纪即中断，重修时依照原始设计。

在意大利，中世纪文化主要表现在，对未完成的罗曼式建筑的立面进行补充修饰。

米兰的许多古老教堂，如圣马可教堂（1871 年），卡尔米内圣母堂（1870 年），圣欧斯托希奥教堂（1863 年）都被加上了新罗曼式的立面。也在这些年，卢卡·贝尔特拉米给斯福尔扎城堡新加了菲拉雷特塔（1886—1898 年）。

随着国家主义的兴起，对国家哥特往昔的兴趣也日渐增加，体现在意大利最重要教堂的立面设计上，如佛罗伦萨的圣十字教堂，阿马尔菲的主座教堂、博洛尼亚的圣彼得罗尼奥教堂等。翁布里亚和佛罗伦萨的式样综合起来，体现于多彩的三尖顶立面上。风格中还加入了摩尔元素，尖拱窗、塔尖和镂空透雕。有两次大型的征选，为讨论和确定风格设计提供了机会，一次是佛罗伦萨的圣母百花大教堂，另一次是米兰的主座教堂。米兰体现了意大利建筑几世纪来的沉淀，从佩莱格里诺·蒂巴尔迪的晚期文艺复兴风格，到拿破仑一世让朱–塞佩·扎诺亚和卡洛·阿马蒂设计的类哥特风格补充装饰。人们有机会对意大利的哥特建筑做深入思考，是因为国际大型征选把阿尔卑斯山那边的哥特风带到了伦巴第，这种风格运用雕塑、尖顶、肋拱，形成自己的特色。

全铁架结构的巴黎圣欧仁教堂，还有钢筋混凝土的巴黎圣约翰福音堂都使用了新材料。维奥莱–勒–杜克十分反对这些建造方案。他认为要恢复哥特式的建造方法，而不仅仅是采用哥特的造型元素。

资产阶级的都会

在城市规划领域，公众的兴趣主要在于如何能代表城市。19 世纪的城市建设中，巴黎的里沃利大街（始建于 1801 年）是一例，罗马的人民广场是另一例。人民广场之前的建筑十分混乱，中央有方尖碑，北有人民门，是从北面进入城市的入口，南有三岔路口和两座成对的教堂，东有平丘山和人民圣母教堂，西边是一大块平地，一直延伸到台伯河。这两个例子体现了对已有建筑不同的处理方法。第一个例子是用制定好形制的建筑去统一，第二个例子是用大动作达到平衡，创造现代意义上的城市。

巴黎、巴塞罗那、维也纳是第一批采用大规模规划的城市，每一个都有 19 世纪代表性城市规划的不同特征，其设计能让各功能井然有序，并有各种象征意义，引人遐想。

奥斯曼为拿破仑时代的巴黎所做的规划，以又长又宽发散出去的大路为轴，成为其他大城市进行规划的范本。这种统筹的规划不仅要指引新建筑，还要同时符合行政、经济和规划的要求。

上图

路易丝–奥古斯特·布瓦洛，圣欧仁教堂内部，1845—1855年，巴黎，法国

法国复辟后所建教堂中，圣欧仁教堂是唯一忠实体现维奥莱–勒–杜克功能主义理念的教堂。他认为，12—13 世纪的大教堂是现代金属构架建筑的模范。这座教堂几乎全部用铁结构建成，内部分为三舱，有后殿。设计前后都做了许多相关研究，从铸铁柱的教堂到铁结构的礼拜堂。金属结构有机联合，架在细细的柱子上。柱子还支撑着一系列拱券和穹顶，表面装饰和玫瑰花窗。

巴塞罗那的城市发展主要按伊尔德方索·塞尔达的原则进行。他的看法集结在其《城市化概论》(1859年)一书中。巴塞罗那的规划综合了卫生、交通、土地均分等考虑。塞尔达的理论运用到实际中，就形成了棋盘格式的布局，由一个个独立的小方格构成，十分规则，四角被铲去，内有天井。于是，通过四面临街的居民楼和相关服务楼不同方式的组合，城市变成一块一块的样子。每25个方块为一片，有学校、教堂和营房。每4片划为一区，设一市场。每4区形成一个域，有两座城市公园，一所医院，还有行政楼和工厂。

米兰要发展到西班牙人留下的城墙之外。贝鲁托为之设计的规划采用环形放射状模式，模仿巴黎和柏林建环城大道，建四面临街的大楼，为以后路网和建筑的延伸预留空间。

1909年伯纳姆为芝加哥设计的规划采用规则几何形，理论上说可充分利用中心城区的土地面积，于是诞生了摩天大楼。

下图
查尔斯·巴里，奥古斯塔斯·韦尔比·皮金，议会大厦，1836—1837年和1844—1852年，伦敦，英国

英国

哥特复兴是19世纪的运动，但其理论和文学基础早在18世纪中期就已打下，与画意派崇高的诗性、哥特小说、英式景观园林处于同一时期。可以说，英国的哥特传统从未结束，许多世纪以来没有被打断，尤其在城堡和乡村宅邸的建筑特色上。但从1810年起，随着国家浪漫主义的氛围渐浓，人们要求模仿中世纪的例子，也就需要更严谨的结构形式。一些关于中世纪

左图和下图

詹姆斯·萨维奇，圣路加教堂的外观及内部，1819—1824年，切尔西，英国

某些简化垂直哥特风格的建筑成为建造教堂的范本，甚至影响到海外。都是正立面有一高塔，入口前有门廊，中舱高，舷舱有扶壁，后殿平或为多边形，有尖拱窗。英国切尔西的圣路加教堂是1818年《教堂建设法令》颁布后第一批建起的教堂之一，用巴斯运来的石块建造，和剑桥的国王礼拜堂同样风格。萨维奇非常注重细节，借助扶垛和尖塔抬高整个建筑。他还第一次在拱顶上不用石膏粉刷，而可见石块的堆砌。但内部其实非常忠于哥特风格，空间按当时宗教仪式的需要排布，讲坛和祭台都很宽大，上下共三层，后殿是平的。

建筑的书得以出版，建筑师可以从中找到新的建筑语汇。重要的作品如约翰·布里顿的《大不列颠建筑古迹》（1808—1814年）和托马斯·里克曼的《英国建筑风格试辨析》（1817年）。这些书提供了一系列哥特建筑语言的定义，人们可以从中读到晚期垂直哥特风格的元素。这一风格被认为是英国土生土长的风格。1818年，一个机缘让英国建筑专业人士转向新教堂的建设——教堂建设协会成立，目的是在伦敦和英国其他主要城市和新区兴建新的宗教建筑，重振宗教，提升其分量。

于是，哥特复兴走出了乡村宅邸的局限，成为教堂建设的风格。哥特风被认为是唯一正统的基督教风格，不同于新古典主义的异教风格，这也是它被用于宗教建筑的原因。

随着《教堂建设法令》的颁布，国家拨款上百万英镑用于教堂建设，由教堂建设协会管理协调。英国的委托建造新哥特风由此开始，20年间在全英资助建造了超过500座教堂。

形制与风格要遵从三条明确的要则：建设要实用、快速、经济。英国早期哥特的砖式建筑风格被选用，因其适应性强、功能专一、建造简单，其装饰元素被简化，结构中也运用了铁和铸铁等现代材料。

下图

威廉·鲁宾逊，草莓山宅邸内部，1748—1777年，米德尔塞克斯，英国

霍勒斯·沃波尔想把他笔下的那些精神状态体现在这所宅邸中。环境布置风格强烈，极大地体现了一种喜好畏惧感、超自然的品位。内部装潢很特别，用扇形肋拱，镶金边，室内陈设和装饰也效仿存世的中世纪建筑或者书籍。壁炉和书架以教堂唱诗台栅栏或坟墓装饰为框。这些元素都从英式和法式哥特风格而来，以灰泥和木头为材，辅以镜子和色彩，增添了几分生气。

杰出作品
草莓山宅邸

18世纪中叶的前浪漫主义氛围中，人们喜爱如画般动人的景色，这是对中世纪兴趣的主要来源。在温克尔曼推崇古希腊艺术时，对中世纪的考察主要来自对英国景色和废墟的观察。

英国没有被古罗马广泛地殖民，境内中世纪废墟和教堂星罗棋布。亨利八世曾下令世俗化，所以许多教堂被废弃了。这是英国自己古代的见证，与古希腊、古罗马的不同，而且其饱含的价值也适应现代要求。哥特传说和中世纪世界的确立起初并没有风格史的意义，而只是让人们想起希腊的敌人哥特人，想起与理性相对的情感。

如果说教堂建筑和修复理论是那个时代考古品位的最早体现，那么乡间宅邸的建设和哥特式城堡风格则在形象上而非结构细节上，展现出了哥特风貌。霍勒斯・沃波尔著有黑色哥特小说《奥特兰托堡》（1764年）。他委托修建了草莓山宅邸，开了以中世纪城堡形式建乡间居所的先河，美丽如画和至高无上的概念在此结合。这种风格以英式哥特、意式别墅和对异国风情的喜好为重，自由设计的乡间宅邸中却无古典希腊罗马风格的立足之地。

下图

威廉・鲁宾逊，草莓山宅邸，1748—1777年，米德尔塞克斯，英国

哥特风作为浪漫主义运动的表现形式席卷而来时，沃波尔是主要的"建筑爱好者"之一。人们认为是他恢复了哥特风，将其作为英国名流宅邸的风格。在草莓山宅邸中，他更多是发挥想象，而不是单纯模仿，将之前已有的建筑扩大并"哥特化"，运用一些元素颂扬哥特风格自有的美学和能唤起强烈情感的特质。由画意园林发展而来的、对断壁残垣的喜好在此有明显体现，凝固在这异常动人又堪为典范的作品中，爬满立面的藤蔓也起到一些效果。

奥古斯塔斯・韦尔比・皮金

1830—1850 年间，哥特复兴又讲究起建筑的功能性和结构得当。争论的焦点有两个：哥特风是否能被认为是唯一英国本土的风格，哥特建筑又是否真正是基督教的表达。对于第一点，伦敦议会大厦的建设非常重要；对于第二点，就要看皮金和所谓“教会学派”了。这一运动的人们认为要回归哥特风格，因其属于基督教传统。作为中世纪研究专家之子，奥古斯塔斯・韦尔比・皮金是哥特复兴最权威的理论家。1821—1838 年间，皮金发表了《哥特建筑样本》和《哥特建筑举例》等一系列建筑绘图。这些书成为一个多世纪复兴研究的基础。1834 年，皮金皈依天主教。在《对比：中世纪高贵建筑和当今对应建筑平行比较》（1836 年）一书中，皮金表达了对中世纪的崇敬，将哥特风格定为最纯净、最符合基督教的风格。他的观点是哥特风格的形态不容更改，一更改就失去了宗教意义。对皮金来说，“哥特不是一种风格，而是一种宗教”。他不接受其他风格，并认为哥特建筑要大大高于古典建筑。除了美学价值的辨析，还有宗教神秘主义的意识形态，一种怀旧、理教的浪漫历史循环论，认为哥特与基督教的关系是一种必然的选择，定会走向这唯一一种风格，因其符合基督教代表的社会、宗教理想。由此，新哥特成为三种追求的综合：建筑上的、宗教上的、国家身份上的。这不仅是一种风格的复兴，而且是原则的认同，其表达和意义变得密不可分。在《尖顶或基督教建筑的真实原则》（1841 年）一书中，皮金把模拟中世纪工匠的施工方式作为一种路径，预想要回归哥特建筑，因其是美之真实的理想型、合乎建筑意义的理想型。皮金为建筑和社会的关系建立了理论，反对当时因机器大生产而面目全非的艺术。皮金的两本关于哥特建筑的手册（上文《样本》和《举例》两书）成为教会学派的根本工具和范本。在各处获得的巨大成功，从索尔兹伯里的寓所到兰开斯特宅邸，都见证了哥特复兴如何扩展到所有的建筑形制，因其能利用各种材料的特性。由此，“真正的”哥特建筑原则也成为新建筑的理论原则：装饰是为了丰富结构，因材施工，摒弃结构和为便利起见不需要的元素。不到 10 年的时间，皮金建立了许多教堂，严守英国天主教会推行、剑桥卡姆登协会支持的模式。在他的原则中，教堂找到了一种合乎功能又可推行的模式：分三舱，有尖塔，结构匀称有力。

上图

奥古斯塔斯・韦尔比・皮金，圣贾尔斯大教堂，1841—1846年，奇德尔，英国

圣贾尔斯大教堂是委托方同意皮金把一部分设计的雕塑和玻璃窗做出来的为数不多的教堂之一。他为每个建筑计划都设计了这些。

杰出作品

伦敦议会大厦

1834年，一场大火毁掉了原来的威斯敏斯特宫。1835年，英国公开征选新议会大厦的建造方案，要用“哥特或伊丽莎白式风格”，以代表国家及其传统。古典学家查尔斯·巴里（1795—1860年）胜出，并于1836年同皮金一起，开始了分为两阶段（1836—1837年，1844—1852年）的建设。这是最能代表国家的建筑，哥特风也借此成为国家的风格。此前哥特风从未有如此规模的建筑。古典学者与哥特学者的争论先不说，新议会大厦和对浪漫主义文化相关价值的偏好，说明哥特风可用于任何类型的现代建筑。新议会大厦采用经典的规则、对称布局，一个个天井不断重复，上面有不对称的塔楼。内有超过1000个房间，最重要的是上议院和下议院。长长的立面对着泰晤士河，表面用砖石覆盖。中央和边角处略凸出，角上还有多边形塔楼，让立面有动感。表面还有轻浮雕扶垛。如果说经典对称的格局是拜巴里所赐，那这1000多平方米表面上都铎式的垂直细节则是皮金的杰出作品了。这就像给建筑本体套上装饰性的皮囊，是任何其他19世纪新哥特建筑中都未曾见的表现手法。

相应于布局构图的清楚明了，雕塑和镂空精细冗余，相对结构规模似乎太多，但也统一在垂直式哥特风之下，与附近的威斯敏斯特教堂和谐呼应。

左下图

查尔斯·巴里和奥古斯塔斯·韦尔比·皮金，议会大厦内部，1836—1837年和1844—1852年，伦敦，英国

在内部，皮金非常注重细节。图书馆、上议院、下议院都表现出哥特元素，以强调仪式感和建筑的代表性。用料昂贵，陈设多为木质，家具为手工打造，满足功能要求，也适应现代建筑体系，比如覆盖防火层的铁制柱梁。

右下图

查尔斯·巴里和奥古斯塔斯·韦尔比·皮金，大本钟，1852年，伦敦，英国

塔楼之上这座著名的时钟自19世纪中开始就为伦敦报时。它与威斯敏斯特宫同时建起，以维多利亚式哥特风设计，高约100米。

教会学派

自1840年起，英国圣公会教徒已将皮金的原则纳为己用，勾勒出新式教会建筑。

1840—1850年间，英国的新哥特活动以教会学派运动为主。此运动面对的风格问题，其实是要以更新过的宗教要求重振教会。运动涉及散布英美的许多文化团体，如牛津“书册派”、埃克斯特教区建筑协会、剑桥卡姆登协会。

热情高涨的中世纪学者表示要回归哥特建筑，以回归以前的宗教形式。1839年成立的剑桥卡姆登协会（1844年改为教会学协会）推动修复古建筑，以哥特风格建新教堂。1841年，《教会学派杂志》成立，这是剑桥卡姆登协会的官方机构刊物。从宗教团体提出的各项提议看，他们要推动建筑研究，为宗教建筑和殖民地的居所提供范本，以便通过教士传播新建筑应该使用的正确模型，在英美和传教团所在地形成风格和形制上的统一。在英国之外，新哥特也承载着精神价值。自英、法开始，哥特风就作为唯一适合教堂的风格而传播。在全欧洲和美国，效仿各自新哥特范本的建筑渐渐多起来。法国教堂多用镂空雕刻和双尖塔钟楼，英国教堂结构紧凑，仅用一高塔。维多利亚式哥特中，新哥特的特有元素和新浪漫主义之后的其他风格相结合，形成历史拼贴般的折中主义建筑。哥特复兴在海外的广泛传播是在教会范围内出现的，伴随英国“教会学派”思想的传播。1848年，教会学协会在纽约成立，开始发行杂志《纽约教会学派》。任何人想模仿哥特建

上图

威廉·巴特菲尔德，万圣堂，1849—1853年，伦敦，英国

此建筑凸显了经过改革的新式哥特风格，被教会学协会的成员当作教堂的范本。和同时代法国巴黎的教堂不同，此建筑并不位于宽阔的林荫大道上，而是偏居一隅，位于小小庭院之后。地块为正方形，建筑群结构紧凑，左为神父住所，右为学校，前面是教堂，在与路平行的一边上。神父住所和教堂之间，有一黑红砖块建起的高塔，塔顶十分陡峭。建筑内部装饰丰富，后殿平，成束细柱组成墩柱，顶住尖拱，设有女眷廊，顶为尖拱顶。

左下图

理查德·厄普约翰，三一教堂，1843年，纽约，美国

右下图

弗朗茨·克里斯蒂安·高，泰奥多尔·巴吕，圣克洛蒂尔德教堂，1839年后，巴黎，法国

筑，都可以此为指南。1851 年，英国建筑师弗兰克·威尔斯发表《英国古老教会建筑》一书，传播皮金的思想。约翰·拉斯金发表的两部书《建筑七灯》(1849 年) 和《威尼斯之石》(1851—1853 年) 也在美国获得了巨大的成功。

左图

海因里希·冯·费斯特尔，感恩教堂，1856—1879年，维也纳，奥地利

此教堂以最纯粹的法式哥特大教堂风格建成，是维也纳戒指路上首批建筑之一。正面两座又高又尖的塔楼刺向天空，布满镂空雕刻。开三扇尖顶门，正中入口门上有组雕，是侧门的两倍宽。门上正中有一玫瑰窗。用扶垛和高低脚拱。分为三舱，耳堂与中舱同高，三舱结束于后殿回廊，从外部很容易看出。很明显，此教堂不想仅仅模仿法国教堂，而想给 19 世纪哥特式教堂的建设带来新意，设计匀称和谐，风格统一。

拉布鲁斯特和新哥特式图书馆

维奥莱-勒-杜克说过："从中世纪语言中……要学会利用它表达自己的思想……而不是重复别人已经说过的话。"根据这一说法，一个清楚、可行、言之有据的建筑方案，既可用于修复工作，也可用于新建建筑。在铁结构建筑的范畴内，在皮金、拉斯金、莫里斯和维奥莱-勒-杜克等人哥特理性主义的功能性理论之后，约1840年以后，承重结构可能就不用遮掩起来了。将其外露甚至从美学角度也能服务于新建筑，显出一种可敬的、科学的崇高。龙德莱关于建筑艺术的、理论结合实际的文章被翻译并传播到整个欧洲，成为建筑师和工程师建造技术的文化基础。特雷拉于1864年建立"中央建筑学院"，其教学完全从具体建筑问题的技术和实践角度出发，以拉布鲁斯特和德博多二人的教学法为基础，培养了一代建筑专业人士。亨利·拉布鲁斯特（1801—1875年）是19世纪法国理性派的主要代表。他于1824—1830年间在罗马的法兰西学院求学，并在那里发展出了"浪漫理性主义"的概念。他反对法国美术学院的教条主义，坚持建筑应反映社会。他也是第一批认识到建筑中铁之潜力的人，在一座公共建筑中第一次尝试用铁结构，引领了潮流。这种趋势更多是关于建造和功能的问题，而不是风格上的选择。

左下图

皮埃尔-弗朗索瓦-亨利·拉布鲁斯特，圣热纳维耶芙图书馆二层阅览室，1843—1850年，巴黎，法国

这座图书馆面前就是苏夫洛雄伟复杂的先贤祠。拉布鲁斯特相应地放置了一座刚硬、赤裸的方盒状建筑，布局实用，内部简洁，只留最根本的东西，并运用了最先进的建筑技术：上层，置于高高石基座上的长长一排纤细铸铁柱支撑起同样是铸铁所造的镂空雕花拱券，将空间分为两舱。拱券间距相等，支撑起筒形拱顶。

右下图

皮埃尔-弗朗索瓦-亨利·拉布鲁斯特，法国国家图书馆拉布鲁斯特阅览室，1845—1875年，巴黎，法国

英国的大学

1850—1870年间，新哥特的表现与以往十分不同，用色丰富生动，形态坚实厚重，多用砖块，类似中世纪时意大利和西班牙的建筑。公共建筑如大学和法院的设计呈现出不同程度的奇特感，表现出时代的审美：标新立异，外观学习法兰西第二帝国的风格，内部用新哥特风格，喜好丰富的色彩，以轻盈的构件从视觉上打动人。此时期新哥特的规则和构成都十分有弹性，出现了符合不同要求的有机建筑和功能性建筑。此时建成的属于历史悠久的牛津大学和剑桥大学的一些建筑，便体现出对英国历史的追寻和考察，也努力忠于历史。从1825年开始，新哥特式的建造项目便在大学小城里出现，形成完整的校区。不管在已有建筑中还是几世纪以来在统治阶层和民众

上图和左图

托马斯·迪恩，本杰明·伍德沃德，牛津大学博物馆的外观和内部，1853—1860年，牛津，英国

此建筑注定要成为同类型建筑的范本。其外观模仿意大利式哥特风格，立面雄伟而对称，中央有一高塔。屋顶为双面坡顶，开有三角形的天窗。用两种对开、尖拱的三叶窗。内部大厅是新哥特风格的巅峰作品之一，如大教堂一般分为三舱，成束的纤细金属墩柱次第排开，柱头有莨苕叶装饰，"工"字梁支撑起尖拱廊，铁架玻璃屋顶通透开阔。清晰可见的金属拱肋，以及框架、柱头、"工"字梁上均装饰有花卉等自然题材的纹样。四周有砖砌连廊，分两层，上下均为拱廊。窗户按约翰·拉斯金的设计建造。

社区中流传的传统中，都有中世纪的强烈印记，这在新哥特中得到了反映。实际上，除了极少数例外，哥特风格许多世纪以来一直是所有大学建筑形制的官方风格，从宿舍到图书馆到礼拜堂都是。回归中世纪、回归适合模范学府牛津、剑桥的风格，在新造建筑中，让新哥特风体现在富于表现力的建筑中，这些建筑象征着知识与力量，同时也注意让教堂的建筑风格更贴合基督教。另外，教会学派运动的许多主要人物正是在这些大学里求学，牛津大学的礼拜堂便是为纪念约翰·基布尔而造。他是一名牧师，曾参加过“牛津运动”。此运动从根源上研究天主教会，试图证明英国圣公会的《三十九条信纲》符合天主教的正统。此后，学院哥特风对美国的大学也有很大的影响，因为中世纪风格的建筑非常能体现用途。

上图

威廉·巴特菲尔德，基布尔学院礼拜堂，1867年，牛津，英国

此建筑使用了不同国家、各种风格的中世纪哥特式纹样，意图成为教会历史的标志，也标志着宗教教义在大学教学中的重要性。建筑的重点在于多彩的饰面，以红、蓝、白三色砖砌成。从比萨式哥特到英国垂直哥特的元素都有选用，建筑语言受到西班牙和拜占庭的影响。这代表了教会从本源上说是统一的，以及中世纪时期宗教的价值。

法国：欧仁·维奥莱-勒-杜克

在新哥特最具特色的时期，除了英国的皮金、拉斯金、莫里斯等人的创作，就属维奥莱-勒-杜克的法国学院派了。巴黎圣母院的修缮便是哥特复兴在修复领域最具体的例子。维奥莱-勒-杜克的理论著述对现代建筑的发展非常重要。他在著述中说，学院派古典法则所谓的“普适”，其实独断专横又平平无奇。他倡导回归哥特风格，因为哥特式的建造体系符合建筑的本意，符合结构和技术的具体要求，合乎逻辑。他认为哥特风格是建筑之美的最高体现。他推行的模范设计所采用的建筑原则，既能用于新建筑，对以前的哥特建筑也能修旧如旧。哥特风格的大教堂是非常能代表法国的建筑。弗朗索瓦-勒内·德·夏多布里昂发表《基督教真谛》（1802年）一书后，哥特式大教堂对于国家的重要性才重新为人们所认识。夏多布里昂是法国浪漫主义的重要人物，崇尚哥特风格的宗教感，反对启蒙运动的唯物论。

为了保护所有中世纪遗产，免遭大革命的“蓄意破坏”和18世纪的各种改头换面，法国第一次开展了古迹登记，开了科学修复的先河。工作由考古协会主持，维奥莱-勒-杜克为全权委员之一。1835—1855年这20年间，

左下图

欧仁·维奥莱-勒-杜克，巴黎圣母院圣具室外侧面，1844—1864年，巴黎，法国

随着雨果发表《巴黎圣母院》（1831年），那些半荒废、行将拆毁的中世纪大教堂又受到人们欢迎。于是，1837年，历史古迹委员会开始对法国的许多教堂进行系统修复，包括巴黎的圣礼拜堂、圣德尼教堂、鲁昂的圣旺教堂，巴黎圣母院也经过了许多修复，重建了中央尖塔，增加了一个哥特风格的圣具室，以及雕塑和怪兽水嘴。值此修复之际，又有提议要给正面两座塔楼装上尖顶。此事几世纪以来一直有争论，有人支持，也有人反对，正如维奥莱-勒-杜克所认为的，加上尖塔与教堂原来的设计不符。

他和让-巴蒂斯特-安托万·拉叙斯一起做了许多极为重要的工作。他们强调以文献记录为准进行修复，这样才有理有据。

维奥莱-勒-杜克于 1863 年和 1872 年发表两卷本《建筑访谈录》，这成为重要的参照点。他在书中表示应忠于材料，考虑其使用潜力。拉斯金说的忠于材料，是形之真以致风格之真。维奥莱-勒-杜克则不同，他说的忠于材料更多是结构和功能的问题。对他而言，新风格不应该将欧洲各国文化熔于一炉，而应该以各个国家、各个地区的文化为基础。在中世纪建筑中，他找到了可用于现代建筑的建造法则，既满足功能需要又经济节省。哥特建筑中，尖拱运用广泛，构件纤细但弹性动感，这似乎就是为系统运用铁、水泥和玻璃指明道路。维奥莱-勒-杜克发展出的哥特风格理论，按一定原则表现理想，在哥特复兴的发源地英国也有很大的回响。意大利的反响也很大，因为那时出现了修复重要古建筑的问题。

通过修复问题，哥特风格的设计手法甚至其定义，都由新哥特风格的新设计模式勾勒出来，对理性建筑的发展有重大影响。理性建筑注重结构及建造的具体要求。

下图

皮埃尔丰城堡，1858年修复，法国

此城堡原是奥尔良公爵路易一世自 1390 年所建，1600 年拆除，1848 年被列为法国历史古迹。1857 年，拿破仑三世委托维奥莱-勒-杜克进行修复，本要将其改为住所，1861 年他又改了主意，想按照文献记载重建一座 15 世纪的城堡，既能体现他在风格上的个性，也表达出那个时代的浪漫主义精神。于是就有了这座按博物馆形式构建的住所，既有符合考古的恢复，也有完全的创造。如同对中世纪的幻想，用高塔、城垛、尖顶组成防御系统。

重现幻想的骑士世界，又符合现代的要求，有吊桥，也有钢铁桁架的坡顶。细节富有创意。维奥莱-勒-杜克修复工作的局限在于，常有假想的原结构重见天日，但他一味武断地重建，毁掉了重要的建筑证据。

德国新哥特：路德维希的城堡

18 世纪末至 19 世纪初，德国也出现了新哥特，这是浪漫主义对新古典主义的回答。浪漫主义以艺术表现人民的精神，也在中世纪建筑中找到了国家和民族历史传统的象征。

一般认为，德国的新哥特从 1772 年开始，那一年歌德发表了《论德国建筑》。他在书中描绘了斯特拉斯堡大教堂，认为它真正体现了美。之后，一些中世纪学者的旅行笔记也很重要。这些文章推崇哥特建筑，因其属于自然，能和景色融合。但从欣赏中世纪建筑到真正以中世纪为风尚，还得等日耳曼哥特风格确立之后，此风格集欧洲所有哥特风格之大成。于是，在“德意志至上”的理念中，以新哥特复兴国家风格的趋势出现并落实了。

下图

克里斯蒂安·扬克，新天鹅堡，1869—1886年，菲森，德国

新天鹅堡是路德维希所建住所中最具标志性也最出名的一处。它像童话中的城堡，从 965 米高处俯瞰着菲森和施旺高小镇。动画中的城堡就以它为原型。它以德国封建时代的宅邸为风格，在每个人心中都不同程度地树立起一座符合当时梦幻浪漫之风的石质幻象。外观用白色和银色的石材，表现出大自然未受污染的纯净。

左图

克里斯蒂安·扬克，新天鹅堡御座厅，1869—1886年，菲森，德国

新天鹅堡各厅的摆设和装饰细腻丰富，灵感来自德国史诗传说中的骑士传奇和瓦格纳的音乐，其实瓦格纳的音乐也以这些故事为灵感。其内部再现了《唐怀瑟》《罗恩格林》《崔斯坦与伊索德》《纽伦堡的名歌手》《帕西法尔》等瓦格纳的曲目，是对浪漫主义和古老日耳曼传说的颂歌。拜占庭风格的御座厅，也是“帕西法尔圣杯”厅，装潢令人赞叹，几乎全以大理石覆盖（台阶所用大理石来自意大利的卡拉拉）。厅中绘有以圣杯传说为灵感的场景，马赛克拼贴地面表现了动植物的形象。

此风格最初大量运用于宗教建筑，用于继续建造未完成的大教堂和其风格修复。建造汉堡圣尼古拉教堂的国际征选便是很好的例子。最终英国的乔治·吉尔伯特·斯科特胜出。他的设计是“德式”大教堂，正立面中间建一极高的尖塔。这是严格的新哥特式方案，也体现了英国建筑师在欧洲新哥特风格上处于领先地位。之后，在重新采用中世纪风格时，新哥特又有了发展。中世纪风是现代贵族的最爱。巴伐利亚国王路德维希二世建了3座宫殿：新天鹅堡、海伦基姆湖宫和林德霍夫宫。他热爱德国史诗小说，赞助了许多艺术家，包括瓦格纳。他实现了伟大的梦想：建造隽永的浪漫主义建筑，在中世纪城堡的风格中找到依据。路德维希想为自己在人间走过的这一遭留下实实在在的证据，这样的地方代表王室，代表着与进步相对的浪漫生活。而他幻想着在这样的地方不朽。

折中主义和新材料

从1830年左右乃至后来整个19世纪，所有过去的建筑都被选来作风格借鉴。新古典主义和新哥特是两大复兴，两者并行，相差不过几十年。之后又有其他风格，意欲仿古，但准确地说不能算作复兴，因其不取往昔的建筑规则和形式，只注重装饰。虽然也被冠以“新”字，但并没有新希腊风和新哥特风那清晰的理论、政治、意识形态依据。这其中有始于1830年左右的新文艺复兴风格，还有始于1840年的新浪漫主义风格，都以重现文献记载中文艺复兴和浪漫主义时期的装饰形式和纹样为重，如花边线脚、檐口、砌筑面等。1850年后的新巴洛克以堂皇繁复为特点。之后甚至时常从过去诸多风格中任选最合主题的风格，经过归纳整理，一个时期对应一种形制。

建筑史上的这一段被称为“折中主义”（来自希腊语ἐκλεκτός，eklektós，意为“选择、选取”），又可细分为两个阶段：第一阶段建筑师可根据不同作品选用某一风格，第二阶段建筑师可将过去多种风格融于同一座建筑。

建筑师根据所选模型和参考，对某种特定形制可选择最合适的风格，才出现了所谓的“墓地哥特式”“银行巴洛克式”“校园罗曼式”。

65页图
约翰·奥古斯图斯·罗布林，布鲁克林大桥，1869—1883年，纽约，美国

每一次复兴都引领了一次潮流，而潮流迅速更替，采用不同风格，经常是通过风格就可判断建筑的功能。直到装饰上的效仿没了边界，一座建筑诸风杂陈。折中主义建筑便显得格格不入，形式和语言没用在恰当的语境中，也就失去了意义。

与折中主义同时代的，还有工业革命。它带来了新材料和新审美，为建筑新方法铺平了道路。1850 年左右，现代建筑走向未来作品的创作，进入钢铁时代。

1794 年，巴黎综合理工学院成立，意图将理论和实际结合起来。这是一个转折点，建筑科学从此更加技术化，工程和建筑自此分开，并持续至今。建筑用铁非常丰富，炼铁技术提高，铸铁大量生产，铁加工成本低，于是以前只用于附属部分的这些材料在大型主体工程中应用也十分广泛。铸铁是碳和铁的合金，模具浇铸，不可延展，能抵抗大气腐蚀，而且轻盈纤细，取代了砖石成为承重结构。连接用的横梁多用铁。1860 年起，利用钢——也是铁碳合金，不过含碳很少——实现了从未想过的用法，加上玻璃，建成了一些宽敞、明亮、轻盈的建筑。钢抗拉抗缩，质地均匀，适用广泛，可用于实现新型承重结构，造出的建筑可大面积运用玻璃，所以十分明亮通透。这种结构应用范围极大，并可用螺钉组装预制件。至第一批钢和铸铁的承重结构建成，实验阶段结束了。这成为以后很长时间内金属结构多层建筑建造技术问题的参照，摩天大楼也源自此类建筑。但这种建筑外面通常还要做一层装饰，依然有新古典、新哥特，新文艺复兴的特点。

全部以铁为结构的建筑最终也没能完全脱离 19 世纪折中主义建筑的品位、形式和观感。至各届世界博览会，其在建筑语言的尝试和装饰的效仿达至最盛。

下图

伊姆雷·施泰因德尔，匈牙利国会大厦，1882—1902年，布达佩斯，匈牙利

这一优美动人的建筑体现出哥特风格如诗如画的特点。立面凹凸有致，十分对称。入口不在正中。整体有向上的动态，线条都向上发展，如镂雕的尖塔，各种尖顶、钟楼、小塔楼和尖拱。长长的正面临水而立，拱廊、尖拱、细柱使之显得十分轻盈。窗户大小形状各异，有些还装有彩色玻璃。

屋顶为坡顶，有穹顶。装饰丰富，金光熠熠。此建筑要融入自然景色，而非城市景观，这风格就很合适。而一向被视为代表基督教的哥特风格，在对国家风格的探寻中也得到了全新的诠释。

社会的建筑

19世纪，一些改革渐渐勾勒出新的人类社会。建筑形制也以此为基础，特定建筑有特定形制，尤其是监狱和医院。在哈布斯堡和拿破仑治下，社会福利改革开始，将修道院、宗教机构和城堡改作他用，通常还是按传统的标准加以改造。但随着对新类型的探索和实验逐步深入，新出现的模型不仅想要用创新的建筑承载道德和社会意义，同时还要符合建筑的用途和功能。每一个新的课题都需要一个特定的解决办法，得出的形式是不断进步过程的最终结果，而不是特定建筑师的杰出作品。

国际上关于拘禁标准的争论很激烈，监狱也是争论的对象。按启蒙思想，监狱不再被当成囚禁犯人的地方，而是让人改过自新的地方。切萨雷·贝卡里亚和约翰·霍华德推动刑法改革，逐渐将犯人和精神病人分开，按性别、年龄和犯罪性质区分犯人。新的关押形式，如杰里米·边沁设想但从未实现的圆形监狱，启发了放射状构图的监狱，如1812—1821年间建成的伦敦米尔班克监狱，以及1843年建成、由吉贝尔和让-弗朗索瓦-约瑟夫·勒库安特设计的马扎斯监狱，将刑罚改革的纲领体现在建筑中，而这建筑就是新人道主义理想的化身。

在本顿维尔监狱（位于伦敦，乔舒亚·杰布设计，1840—1842年建成），牢狱生活如何组织，决定了建筑的每一个细部。但很快就发现，这样的方案并不合适，还是得向美国看齐，学习奥本监狱和费城监狱的有效做法——将囚犯分隔开，并让其劳动。于是，结果不是外形改变，而是按用途划分空间，设置内院、过道、洗衣房、作坊。外观采用哥特式，构图规整，戒备森严。布隆代尔所谓“会说话的建筑”就体现在这阴郁沉重的外部，能

左图

埃米尔·雅克·吉尔贝，主宫医院，1846—1876年，巴黎，法国

埃米尔·雅克·吉尔贝是一位理性主义者，终其职业生涯服务边缘人群，在主宫医院的旧址上建起一座800个床位的新医院，在巴黎的面孔上留下现代的印记。各楼独立，却又连成一体，这似乎是用于分科治病最合适的办法。外形和布局的特征由功能而定，建筑风格也是一样，是一种低调均衡的浪漫主义风格。

引人想起苦难，给人一种森严的感觉。此前，医院基本是穷人、朝圣者和乞丐收容所，此时变成了公众接受治疗的地方。世俗的社会和医院的改革，都注定新的建筑会建起，不再由宗教机构负责，而病人也会根据所患疾病被区隔开来。19世纪后半叶，资产阶级的权力得到巩固，技术领域有很多创新。工业文明发展，国家理想、复兴理想的浪漫主义文化与大众化生产相交，打开了新的文化氛围：建筑问题由贵族转向新兴企业主阶层。因为无法用科学清楚明了地重建其理论，建筑遭遇了危机。在这样的情况下，有了对新创造时期的期盼，对新建筑形制的热情也就可以理解了。

卫生、功能、舒适、安装等方面的研究被放到与风格同样重要的地位。资产阶级要求的，是高效的生产。于是最广泛的追求便是找到一种新风格，能为进步和时代新风气做证。城市人口以指数级别增长，引发了一系列建筑、社会和基础设施问题。

随着城市扩张，市民的需求也越来越多。资产阶级想站稳脚跟、享乐生活的想法日益强烈，许多新的公共功能出现了。大量金钱在流通，于是需要设计一些建筑，来保管金钱，为买卖双方牵线搭桥，让钱生钱，这便是银行、交易所和金融公司。为了适应民众日益增长的需求，城市建起歌剧院、音乐厅、各种各样的俱乐部和商店街长廊，都是供人消遣娱乐的地方，这成为城市及其建筑的一大特征。印刷技术在19世纪也有了发展，出版商可以降低成本，并达到更大的受众。面对这些问题，19世纪的文化以一系列的假想和办法作答，采用历史风格，让各种风格共存，融汇成折中主义。

左上图

加埃塔诺·科克，科克宫，意大利银行，1888—1892年，罗马，意大利

罗马一成为首都，就经历了一个前所未有的建筑狂热期，新功能的新建筑让城市面貌焕然一新。这其中便有意大利政府委托科克建造的这座雄伟建筑。1886年经过征选，由科克设计，作为新的国家中央银行，意大利银行的总部。时至今日，依然按作者名称为“科克宫”。其建造自成一格，采用新文艺复兴式。立面正中有简洁庄重的前亭。两处入口，皆为三开间。内有两庭院。正中主体有一礼宾大台阶。装有最先进的水电和技术设备。用料考究，使用了大理石、洞石、木材。

右上图

弗里德里希·希齐希，股票交易所内部，1859—1864年，柏林，德国

双拱廊环绕之下，内部空间宽敞明亮。拱廊用科林斯式柱，其下的柱廊用爱奥尼亚式柱，对四边的支撑性隔断封闭，对内部和中横隔断开放。拱廊上有圆圈，如同佛罗伦萨孤儿院的设计。红色大理石、装饰细部和屋顶，都具有19世纪浪漫主义和文艺复兴式建筑的特征。

火车站和桥梁

随着铁路的发展，需要把城市与其他地方连接起来。新的城市规划中，火车站被置于城市中心与周边之间。这就有了个新的建筑课题要解决，即不仅要从建造和功能的角度考虑如何造火车站，也要让火车站美观，融入城市。从 19 世纪到现在，火车站的形制基本没有变化，一部分是售票处，车站办公室和候车室，要讲究建筑风格；另一部分是站台，由铁架玻璃顶覆盖，主要是工程设计。

要在已有的城市特征中建起一座建筑，功能完善，正如"城市大门"一样代表城市，这决定了一定要采用传统而宏伟的立面，面对城市，将各种风格融会贯通。当时采用最多的是新文艺复兴式和新巴洛克式，基本分为三部分，中央主体带两侧翼，立面正中有时钟、雕像和半圆形的大玻璃窗，站台顶盖的轮廓由此清晰可见。

所有大都会几乎同时修了这样的建筑，如伦敦的国王十字车站和圣潘克拉斯车站，柏林的火车站，巴黎东站、北站和蒙帕纳斯火车站。意大利第一批火车站建在统一前各国的首都，如威尼斯、热那亚、那不勒斯、罗马、米兰、都灵。

火车站前会修绿树成荫的广场，宽阔笔直的林荫道从这里四向发散而去，城中大拆大改，为建造环城路等各种工程腾出空间。城市新形式要包括写字楼、旅社、餐厅、咖啡馆，外地人进城能感到受欢迎。就算从美学角度说，工程建筑也越来越自成一体。

从 19 世纪最后几十年起，工业化社会和铁路运输的发展，都要求设计出新型桥梁，采用新的工程技术和混凝土、铁之类的材料，更加稳固，桥墩

下图

雅克-伊尼亚斯·希托夫，巴黎北站，1861—1865年，巴黎，法国

巴黎北站用坡顶覆盖站台，这是技术性的结构。屋顶中央开天窗，贯穿前后。与此相对的是，正立面采用新巴洛克式学院派样式，且不成比例。下层用多立克式柱，柱顶过梁水平贯穿整个立面。立面采用拱廊的样子，由成对的爱奥尼亚式巨型壁柱装饰隔开。顶部及横梁上的雕像是唯一突出的装饰元素。

立面伸出长长的遮雨棚，作为入口和出口的门廊，起到保护和迎接的作用。

跨距也更大。

铁路桥从德国和英国开始，并普及全欧洲，是最早一批铁质桥梁。偏远地区的交通得到改善，铁路是唯一的交通工具。

第一座铸铁桥是英国塞文河上的科尔布鲁克代尔桥，1779 年由亚伯拉罕·达比和约翰·威尔金森建造。自此以后，因为路面做得越来越硬，悬吊桥越来越多，先是采用锁链，后又逐渐被金属缆绳替代。同时，钢逐渐代替了铁，结构越来越轻盈，却越来越抗压，弹性也越来越好。

古斯塔夫·埃菲尔在这方面有很多大胆的建筑，如 1876 年在葡萄牙波尔图的杜罗河上建的桥，高 61 米，还有当时最高的加拉比高架桥，在水面之上 120 米。

上图

波河大桥，1865年，皮亚琴察，意大利

这座大桥由北意大利铁路公司建造，位于 1861 年揭幕的米兰－皮亚琴察铁路线上。大桥由铁制成，轨道两侧还有宽敞的人行步道。上桥的大门十分美观，采用新哥特风格，但也有明显的折中主义痕迹，中世纪风格很适合所用的新材料和现代技术。第一次世界大战后曾部分重建，但于 1931 年拆除，因为它已无法承受新型列车的重量。

工厂镇和工人村

随着工业的起飞，在工业重地周围建房屋、社区甚至村镇蔚然成风，工人们就集中居住在这里，英国、德国和法国建这种工厂镇尤其多。哪里出现新的工厂，工人们就涌向哪里，工厂镇便是解决其住宿问题的具体办法。这些工厂镇通常集中在劳动地点周围，老板和员工和谐相处。镇上有公共服务设施，如幼儿园、教堂、剧院和咖啡馆，新住房的卫生条件也大为改善，于是工人很少旷工，许多女性也来打工，她们的劳力比男性便宜。这是一种新型城镇，远离拥挤的城市，吸引着那些并不富裕的阶层——不过有些人也买了自己的房子——来小小提升一下社会等级。在镇上，工作时间之外的生活也是被安排好的，由老板根据员工的自由时间来定。

于是，工厂镇成为社会生活的范本，既是工作之地也是生活之地，大家的活动都按事先安排好的路走，就那么几个固定场所，作息时间也是

下图

古斯塔夫·埃菲尔，加拉比高架桥，1884—1888年，康塔尔，法国

安排好的，没什么个人自由，即哲学家夏尔·傅立叶设想的法伦斯泰尔模式。

在住房、服务、教育、休闲等方面，这些城镇能提供的生活质量比1870—1880年间工人阶级达到的水平高得多。间或有些绿树植被也能尽量遮掩此类社区与生俱来的人造感，所以工人房前有一小块自留地，可以种菜、种花。这样似乎他们与过去的农民生活也没有完全割裂，而且在做工的收入之外，还产生了一种供给经济。

上图

埃内斯托·皮罗瓦诺阿达的克雷斯皮村，1892年，贝加莫，意大利

意大利工人村的典型是阿达的克雷斯皮的拉内罗西毛纺厂。阿达的克雷斯皮的村镇至今仍保持原貌。此工厂镇由埃内斯托·皮罗瓦诺在设计棉纺厂时一同设计，沿两条互相垂直的大道布局，道路相交之处便是工厂入口。此处高耸的烟囱是明显的标志，也有象征意义。住房形式是小别墅，单户独住或双户同住，每栋别墅都有小花园。老板别墅的奢华和工人住处的普通形成对比，体现出村里的等级高低。

左图

安德烈·戈丹，吉斯法米里斯泰尔（工人生产合作社）的庭院，1859年，法国

哲学家夏尔·傅立叶构想的建筑具体地表现了家长式统治的有序工业社会模型，空想与仁慈和经济诉求交汇。傅立叶认为，社会的成功可通过共同生活、工人每日合作劳动来获得。于是，他设计了集体住宿的社区，称为“法伦斯泰尔”。中央两个主体部分，是住宿和聚会场所，两翼是开展手工和机器劳动的地方。有内部规则严格监管着日常活动。

维多利亚时代

维多利亚女王于1837—1901年间统治英国，是当时英国历史上在位时间最久的君王。在此期间，大英帝国迅速扩张，第一次工业革命发生，社会、经济、技术方面都发生巨变。一方面这是繁荣进步的时期，另一方面也是底层人民贫穷受苦的时期。维多利亚在其整个统治期间，一直用艺术支持建筑，用建筑支持艺术，但并未指定某种特定的建筑风格。英国是当时欧洲发达先进的国家之一，随着英王乔治时期文化和新古典主义文化的统一性逐渐消散，英国的建筑文化先是转向复兴，后又转向折中主义。19世纪后半叶维多利亚式哥特的代表人物有约翰·拉斯金、威廉·莫里斯、乔治·吉尔伯特·斯科特和诺曼·肖。此时期的第一阶段称为“早期维多利亚时期”，截至1851年，所有国家来展示自己工业产品的巨型博览会也是在这一年。莫里斯的作品体现出对大规模批量生产消费品的态度。他看重手工劳动，幻想着能回到手工匠人在中世纪的社会作用。正是在这几十年中，各种复兴中作品最多的一种产生了，那就是哥特复兴，尤其是在奥古斯塔斯·韦尔比·皮金的严格纲领下。此风格先取意大利浪漫主义的形式为己用，又因为约翰·拉斯金《威尼斯之石》一书引起的浪潮采用威尼斯多彩的哥特式。但在维多利亚时代，此风格进退维谷，只好将以前各种风格混用。尽管铁建筑的出现在1851年伦敦万国博览会上引起争议，顶峰维多利亚时期的品位还是以歌颂式折中主义为表现，与法兰西第二帝国和意大利翁贝托一世的统治同时期。只有乔治·吉尔伯特·斯科特（1811—1878年）设计了许多哥特式建筑，并修复了中世纪建筑。他的建筑语言少些浪漫，多些创意，超越了单纯的模仿。维多利亚时代到了晚期，在住宅建筑和家具陈设中，才有了更温和的风格。

左下图

霍勒斯·琼斯，沃尔夫·巴里，塔桥，1886—1894年，伦敦，英国

1870年左右，伦敦东区的人口有了很大增长，急需用一座桥将东区和西区连接起来。霍勒斯·琼斯和沃尔夫·巴里的方案在征选中胜出。他们的设计具有维多利亚时代的特点，很快成为伦敦的标志之一。这是一座可升起的吊桥，在两座哥特式尖顶塔楼之间。塔楼顶上四角以小尖顶为饰，四棱以圆柱加固。上层过道高40米，中央桥面长60米，高出泰晤士河水面9米。中间重超过1000吨的两部分可打开，让大型船只通过，或者庆祝特殊场合。当时采用的是精密的液压装置，现已改为电动系统。两座塔楼高65米，巨大敦实的基座深入水中7米多。经过300多级台阶可到达顶端。上到第四层，可经过道到达桥的另一边。这样行人在桥面升起时也可以过桥。侧桥也是吊桥，只有桥面放下时才能过桥。塔桥和固定过道都是钢结构，以康沃尔的灰色花岗岩和波特兰的石材覆盖，既起到保护作用，又十分美观。

菲利普·韦布与红屋

“艺术与工艺美术运动”及皮金和莫里斯的理论，除了让应用艺术出现转折，有意更新艺术手工艺，还引起了住房形制的重大改革。在建筑的引领下，艺术在英国形成自己的传统主义。对自然的回归、对简单的居家生活的回归，鼓励建筑师设计出平凡普通的房屋，不刻意布置，让人安然享受维多利亚时代的宁静。威廉·莫里斯、菲利普·韦布、诺曼·肖和查尔斯·沃伊齐将这种对居住的要求用于中世纪的艺术和建筑形式，个人的行动不及设计中的动态力量有决定作用。菲利普·韦布（1830—1915 年）在老师的工作室结识了莫里斯。他的老师乔治·埃德蒙·斯特里特是最后一代新哥特建筑师之一。菲利普和莫里斯成了合作伙伴。菲利普混用中世纪和 18 世纪的元素，想要创造一种充满乡土气息、不造作却一眼就能被认出的建筑。墙用平白无饰的砖筑成，窗户很简单，多用自然材料，这些都成了地方建筑的直接表达，采用一种居家的风格，看不出历史年代，多用传统材料和精致的手工艺。红屋以及“艺术与工艺美术运动”相关建筑师所创的“居家复兴”风格建筑，表现出对内敛私密的追求，反对卖弄炫耀。英国乡间小屋农舍的样式也引领了 19 世纪末美国的居家型建筑。弗兰克·劳埃德·赖特在其上佳作品中，将英国的类型运用于美国拓荒先锋的文化。英国的装饰艺术为现代建筑开辟了道路。

下图

菲利普·韦布，红屋，1859年，贝克斯利希思，英国

韦布和威廉·莫里斯设计的红屋被许多人认为是迈向现代建筑的第一步。内部布置也是莫里斯和拉斐尔前派的朋友，丹蒂·加布里埃尔·罗塞蒂及爱德华·伯恩－琼斯所做。红屋正是实验“艺术与工艺美术运动”理念的机会。其形体简单，舍弃古典论著，是私密居家建筑的先行者，超越了乡村农舍的形制，是现代意义上的独户居住之家。采用哥特风格综合各元素，瓦片顶坡度很大，外观可见规则砌筑的砖块，尖拱圆窗。此屋想成为“艺术殿堂”，艺术品在此生产。其内部有爱德华·伯恩－琼斯的壁画和玻璃窗，莫里斯及其夫人设计的挂毯和家具。外观因内部要求而定。花园是此屋的一部分，种植草药、蔬菜、果树和花卉。

1851：铁架玻璃建筑的诞生

在铁架玻璃的建筑语言和技术进步中，19 世纪真正的建筑表达和新的建筑形制找到了新的诗意。这类建筑摆脱了 19 世纪的各类复兴，因此也部分脱离了重复古代建筑的窠臼，形成了一类新建筑，我们称之为“工程建筑”。这类建筑以铁制成轻巧的金属结构，以玻璃填充，可以形成巨大的表面。屋顶采用多种多样的形制，产生出城市购物长廊、温室、展馆等。温室是首先实验代表性铁架玻璃结构的建筑，没有墙包裹，形成自由的种植空间，全由玻璃来定。

约瑟夫・帕克斯顿（1803—1865 年）的水晶宫是第一座全部铁架玻璃结构的建筑，也是技术进步的示范，19 世纪的杰出作品，1851 年伦敦举办世博会时建于海德公园中。水晶宫的金属结构不仅是技术需要，也有建筑意义，其尺度以大教堂为范本。因为采用了铁结构，无须使用承重墙，墙面完全由预制成块的玻璃构成，形成的空间如有需要可无限扩展。此杰出作品产生的基础是，大规模使用新材料，构件预制成形，快速施工，可拆可扩，这些特点在之后整个 20 世纪的建筑中又有所发展。

左下图

约瑟夫・帕克斯顿，水晶宫，1851 年，伦敦，英国

为了在世博会上设计一个展馆，来展示英国的工业及商贸实力，英国公开征选建造方案，当时声名在外的建筑师都来参与，最后帕克斯顿胜出。他是一名园丁，以建造温室出名。在《伦敦新闻画报》杂志上，他提出了一个简单的结构，既有新意，又赏心悦目。

水晶宫以 7 米左右的正方形模块为基础，置入铸铁搭建的框架中，并按建筑构成不断重复。有了这样的搭建体系，水晶宫只用了 6 个月便建造完成。

所有原件都可拆解，方便运输。世博会结束后其实已经被拆，1852 年又在锡德纳姆重建起来。1936 年毁于火灾，也暴露出其结构上的局限：完全不耐火，也不耐腐蚀。水晶宫构图清晰，采用纵向对称的巴西利卡式，长约 564 米（1851 英尺，具象征意义），成形的方块玻璃填入铸铁墩柱和框架中，内部形成 5 舱，外部看是 3 个盒状物层层摞起，每层高度一致。构图中央有一长方形横穿而过，覆以筒形顶，高度更高。外形清楚明了，内部空间也宽敞透亮，有 70000 平方米左右。玻璃表面无装饰，唯一的美化元素是筒形顶扇形面上的装饰和框架中间开的圆眼，通过重复，既减轻了表面的重量，又让表面错落有致。

杰出作品

埃菲尔铁塔

埃菲尔铁塔由古斯塔夫·埃菲尔（1832—1923年）设计，是法国为庆祝大革命100周年而举办世博会时所建。高大的铁塔仅用两年时间就建成了，世博会后本该拆除，但这座当代建筑的里程碑却一直以其300米的高度耸立在巴黎的景色中，标志着技术和进步。从古典时代起，人们就一直在追寻筑造高楼，从巴别塔到中世纪的塔楼，再到钟楼，高度象征着人们欲与天比高的精神。

埃菲尔铁塔是第一批以锻铁建造的大型建筑之一，是继铁桥之后的一股潮流。铁塔共用了7300吨铁，综合了稳固及美观的考虑，拔地而起，比同时代建筑高出许多。

埃菲尔铁塔的轮廓能充分表现新材料的表达能力。底部由4根墩柱和拱券组成，置于正方形基础上。塔身结构越往上越尖细，第一层平台高出地面约50米，上面还有另外两个平台，都设有观景台。有1665级台阶和两部电梯通往二层平台。

做成这样的外形是为了抵抗摇摆、膨胀和风吹。底部4个拱券其实没有任何稳固作用，因为它们不承重，反而是被悬吊在结构上，尽管看起来好像起到支撑的作用。这也是设计者唯一向古典传统妥协的地方。

右图

古斯塔夫·埃菲尔，埃菲尔铁塔，1887—1889年，巴黎，法国

温室

水晶宫是19世纪建筑的最大遗产，是一类建筑的巅峰之作。这种预制原件、组装建造、用金属框架和玻璃板搭成的建筑，便是温室。新技术用在这些工程建筑中，其运用也符合材料特性，如轻巧、透明、易清洗、内部温度可控等。从19世纪最初几十年起，建造人工环境的房屋成为一种需求，因为从外国带来的热带植物需要一定气候条件才能种植。18—19世纪，植物园越来越重要，因为它已不仅是大学进行科研的地方，而且变成了对公众开放的场所，这是启蒙思想对于科学的想法。人们喜欢异国风情，资产阶级社会又习惯于找个迷人、时髦的地方会面，于是植物园成了众人聚会的场所。英国人称之为“棕榈屋”，法国人称之为“冬日花园”，里面有喷泉、长凳，敞亮的空间令人度过一段惬意的时光，如同在资产阶级的客厅里，剧院、台球室、舞厅、吸烟室、游泳池、桑拿房更是锦上添花。玻璃面能做得很大，于是新材料也被用在一种新建筑上，铁结构中嵌入板块，造出高度各异的穹顶长廊，通常围绕中央一间展开，而这中央一间也更高，凌驾于其他房间之上。这种革命性的方式先是用于城市长廊和19世纪末世博会的临时展馆，最终在温室风格之上，形成了美式摩天大楼的框架结构体系。

上图和下图

德西默斯·伯顿，理查德·特纳，邱园温室内部及外观，1845年及1848年，伦敦，英国

伦敦邱园的温室内有乔治三世下令扩建的皇家植物园，是英国最出名、保存最好的棕榈屋。

城市商业长廊

19世纪最后几十年，资产阶级的生活习惯大行其道，技术取得进步，这些都汇集成一种新的城市建筑形制，铁成了富足、空阔的代名词，这便是城市长廊。以巴黎的廊街和伦敦的拱廊为原型，用铁和玻璃做顶，覆盖在新建筑之上，这些建筑都是大拆大改之后有了空地才建起的。这类建筑有室外的感觉，但其实是在室内，里面经过精心布置，有许多商铺和走道，人们可安心步行，而且有照明，晚上也开门，也不怕狂风暴雨和车马穿行。与巴黎的廊街不同，这类长廊可以做得很宽（可达12米，巴黎步道一般只有4米），两侧的高大建筑上覆盖着大面积玻璃顶棚，底下是分门别类的商店。最常见的布局是十字交叉，带屋顶，而交点处有一穹顶。屋顶和穹顶的带装饰铁架有所不同，地面和建筑立面也不一样。奥尔良长廊是首批长廊之一，1829年建于巴黎，仿廊街的形式，是带顶大街类型化的新尝试。意大利的长廊则体现了工业化和统一后的市容改建。米兰的得克里斯托弗里斯长廊由安德烈亚·皮扎拉于1830年设计，是意大利长廊的原型，其后米兰的维托里奥·埃马努埃莱长廊、都灵的皮埃蒙特工业长廊，还有那不勒斯的翁贝托一世长廊和王子长廊都效仿它。巴黎的长廊多是私人发起建设，意大利的长廊则是国家确立的标志，是一种形制带有纪念性质的成果，但也没有失去其商业的基本功能。今天仍有许多面向国际的建筑受此形制的启发。

上图

埃马努埃莱·罗科，弗朗切斯科·保罗·布贝，翁贝托一世长廊，1887—1890年，那不勒斯，意大利

那不勒斯的整改重建计划中，罗科提议，在圣布里吉达拆除区建4座建筑，用一条长廊分开。这个提议由法国人布贝实现。长廊布局为十字形，四臂长度不等。交点处为八边形，以穹顶覆盖。铁制元素勾勒出承重结构，所用语言与屋顶一致。

左图

茹弗鲁瓦廊街，1847年，巴黎，法国

瓦尔特·本亚明曾说："街道是众人的居所。"如果是这样，那巴黎的廊街就是大众的客厅，既可逛街，又可散步、会面、游玩、展示最新款的服饰。廊街明亮通透，是盖着玻璃天空的大道。

里面道路相通，有时钟、路灯，还有店铺、咖啡馆和舞厅，好不热闹。

新文艺复兴

如果说新古典和新哥特是各种复兴中最深入的，那么以社会及美学理论为基 19 世纪建造最多的其实新巴洛克风格的建筑。文艺复兴和宫殿形制给许多建筑一种高贵感，既有公共建筑也有私人建筑，成为供参考的范本。

文艺复兴的建筑以及大师（大部分都是意大利人），是学院和公众认为的最高美学理想，大家有目共睹。所以，不能说新文艺复兴是一种“重新发现”，文艺复兴风格延续未断。新文艺复兴是有意将意大利游学期间的手稿笔记表现出来，以寻找现代的古典，迎合新兴资产阶级的诉求。保罗·勒塔鲁伊出版 3 卷本《罗马现代建筑》，收录建筑类型，将教堂、宫殿、宅邸分别归类，定义了住宅的布局、尺度和元素，规定了特征，变成一种设计手册。

冯·克伦策的折中主义在宫殿、博物馆和图书馆的设计中似乎特别偏爱文艺复兴风格。第一个突出例子是他 1816 年在慕尼黑为第一位洛伊希滕贝格公爵欧仁·德·博阿尔内建的宫殿。1830 年左右起，有许多建筑效仿它。冯·克伦策给慕尼黑的路德维希大街印上了折中主义的印记。除了上述的洛伊希滕贝格宫（1816 年），他还在此建了战争部（1824—1826 年），模仿的是佛罗伦萨的美第奇宫，以及模仿佛罗伦萨皮蒂宫的国王宅邸（1826—1835 年）和模仿罗马文书院宫的美术馆（1822—1836 年）。根据功能、用途和装潢的不同，给每种建筑形制指定一种风格，这种做法将新文艺复兴带

下图

路易斯·格拉泽，旧美术馆外观图，1880年，慕尼黑，德国

此馆采用工字形构图，中间部分很长，两头建筑平面为正方形，内有楼梯和办公室。构图从整体看来，虚胜于实。7 间展厅或为正方形，或为长方形，交错排布。画廊与立面等长，开拱窗，间有高大的爱奥尼亚式柱。

底层立面平整，开拱窗，以长方形小龛装饰檐口。顶层设露台，饰以雕像。高处开天窗采光，体现了建筑现代意义上的改进。

左图和下图

查尔斯·巴里，改良俱乐部内部及外观，1837—1841年，伦敦，英国

此建筑效仿罗马的法尔内塞宫，但少些宏大（只用9窗而非13窗）。底层窗户用平檐，二层窗户用三角山花（法尔内塞宫则是三角山花和拱形山花交错），窗下设一阳台式的小栏杆，四边用砌筑面加固，檐口装饰突出，有分层饰带。房间布局以功能决定，会客厅在不临街的一边，正中入口是一个门厅。建筑元素及内部装饰让人想起亚当的英式复古。有顶中庭位于正方形平面正中，有两层走廊围绕，每边4根圆柱，四角还有墩柱。顶为铁架玻璃凉亭顶。这都为社会新人物——“绅士”创造了私密的空间。

到了伦敦市中心。那里新建起的俱乐部需要合适的场所，于是新的建筑形制就诞生了，采用新文艺复兴的风格，因其能表现维多利亚时代伦敦的富足。旅行家俱乐部（1829—1831年）便是模仿佛罗伦萨的潘多尔菲尼宫。查尔斯·巴里的改良俱乐部（1837—1841年）也采用新文艺复兴风格。

新文艺复兴建筑的复古没有新希腊和新哥特那么极端，通常是3层到6层，以对称、方正为特征，设有一个或多个中庭。立面窗户突出，带有山花、檐口，每层以檐饰分隔，底层为砌筑面，表面光滑。这样的建筑适用于各种体量、各种地块大小，同时能保持功能，既有纪念性建筑的样子，又经济适用、有代表意义。德国和北欧则稍晚才转向文艺复兴样式，约在1870年。其形态和美学构件更加矫饰，似乎更好地体现出当时爱国、尚美的情感，更偏向夸张的形式和新巴洛克的形式，其中剧院和公共办公楼的建造最为成功。

新巴洛克和歌剧院

1850—1900 年间，因采用各种历史风格，建筑语言越来越混杂，但似乎能自然共处。对风格的追求，最后几乎都归结于构图的选择，甚至只是装饰的选择，而这种选择并没有真正的创新，只是照本宣科。

于是，新文艺复兴变成了一种充满力量的风格，装饰越来越浮夸，越来越追求戏剧性的效果，最后变成了一种新巴洛克式风格，想从法国和意大利文艺复兴晚期的冗杂中，寻找对新建筑的启发。

19 世纪期间，新巴洛克从来没有成为一种真正的复兴，只是重新采用典型的巴洛克手法和元素，如贝尔里尼、博罗米尼、瓜里尼等人的风格。建筑意图宏伟，这可说是一种新巴洛克风格，夸张而富有戏剧性，所以非常适合用来塑造歌剧院之类的建筑。

在那个时期，维也纳和巴黎是欧洲的音乐之都。从哈布斯堡王朝到弗朗茨·约瑟夫，还有拿破仑一世和三世，新的资产阶级社会大力推动音乐。此时，法国戏剧发展出“大歌剧”的类型，在奢华的舞台上众人齐声歌唱，伴随舞蹈。这时期在意大利，抒情歌剧也成为主导艺术形式。于是，剧院的设计以大舞台为中心，各厅要保证最好的声学效果，还有精巧复杂的舞台装置，并装有功能越来越强的通风和暖气设备。

下图

戈特弗里德·森佩尔，曼弗雷德·森佩尔，歌剧院，1870—1878 年，德累斯顿，德国

德累斯顿是艺术文化名城，1838 年有了第一座歌剧院，由戈特弗里德·森佩尔（1803—1879 年）设计，采用新文艺复兴风格，1869 年毁于火灾。1870 年起，由其子曼弗雷德·森佩尔重建。他显然采用了新巴洛克风格，但还是利用了原建筑的基础。立面为弧形，分两层，由拱券相连而成，底层拱封闭不通，二层拱则开窗。顶部中央高起，以窗为饰，稍稍缩进，用坡顶。入口部分凸出，底层双柱立于拱门两侧，二层有一带装饰的大龛。上面是狄奥尼索斯和阿里阿德涅驾驭四豹之车。内部装饰丰富多彩，仿大理石，墙壁及天顶有寓意画，金光闪闪，水晶也反射着光芒。

上图

夏尔·加尼耶，歌剧院，1875年，巴黎，法国

法兰西第二帝国（1852—1870年）是拿破仑三世统治时期。此时期法国的文化氛围多样，产生了大量的建筑，虽然没有基本的统一风格，但也有一些共性。随着奥斯曼的改造，巴黎穿上了新衣，有许多宏大的建筑，意图代表第二帝国的强大。建筑师试图创建新风格，却只是种“混合”，实际上是各种装饰手法的组合。夏尔·加尼耶所建的巴黎歌剧院便是典型案例。他是欧洲折中主义的领头人物之一。他认为历史上种种风格已经各领风骚数百年，他所造的巴黎歌剧院则用了一种全新的风格，即所谓“拿破仑三世风格”（实际上是在帕拉第奥式构图基础上的法意巴洛克风格）。

此建筑是标志和模范，深刻影响了法国建筑的潮流走向及其后歌剧院的设计模式。加尼耶在正立面采用七孔连廊为基础，以墩柱支撑，两侧微微凸出。二层则用双柱式，檐部装饰宏伟，两头用拱形山花，柱间开圆洞。平面为长方形，分成四部分：可从门廊到达的门厅及主楼梯、带内场座位和五层包厢座位的半圆厅、舞台、服务区。

意大利

1796—1814 年间，拿破仑倒台，意大利在法国人统治下部分统一。直至 1861 年彻底统一前，意大利小国割据，并无统一的文化，是文人墨客和建筑师在传播复兴思想。新古典主义经历了各个重要的形式阶段，让意大利超越了地方割据。新哥特阶段则以修复工作和一些次要建筑为主。此后，自 19 世纪最初几十年起，意大利古典派与哥特派暗暗较劲，在各种风格多元的运用中，找到了对应于新现实的宏大风，既有感染力又有象征性。一种新的语言将过去种种风格改头换面，以宏伟夸大代表新的意大利国家，比如罗马的正义宫，以洞石覆盖，宏伟庄严。在罗马和威尼斯，因为有温克尔曼、门斯和英国建筑界人士，国际新古典主义占统治地位。在威尼托，彼得罗·塞尔瓦蒂科和乔瓦尼·巴蒂斯塔·梅杜纳等人采用了皮金、拉斯金和维奥莱-勒-杜克的理论，寻找一种明确的风格，最终由朱塞佩·亚佩利（1783—1852 年）找到一种确定的语言，但对国际风格并无影响。从新巴洛克的法国和北欧传来一种风格，坚定而意味深长，也产生出一种关于构图和装饰的语言。这种语言不可能像新政府制订计划、新技术为不一样的建筑语言指明道路那样，清晰明了地重建设计理论。

下图

古列尔莫·卡尔代里尼，正义宫，1888—1910年，罗马，意大利

此建筑面朝向台伯河，正中主体架于一座高大的凯旋门之上，其上有正义女神组雕，入口两侧也有巨大的雕像。直至上层，都用十分粗犷的样式，外形宏伟气派，装饰丰富。采用了法式的试验性语言，有 16 世纪阿莱西和米开朗琪罗的遗风。装饰元素混合杂陈，根据房间功用区分入口，有石柱、托架、花环、男像柱、假面饰、兽首，还有从皮拉内西的版画中汲取来的埃及和亚述－巴比伦元素。从修建开始，此建筑就被称为“丑恶宫”。除了功能之外，也指其外观。

杰出作品

安托内利尖塔

亚历山德罗·安托内利（1798—1888年）将地方的巴洛克传统合于古典式的造型，建造了这座高大的建筑，为都灵市带来新面貌。

他试用了许多风格，都置于学院派外衣之下。安托内利尖塔是世界上最高的砌筑建筑，高达 167.50 米。

这座建筑设计于 1862 年，原本是要用作犹太教堂。它将宗教和文化的功能融为一体。建筑下部是敦实的块状，正面仿古，以科林斯式巨柱装点，有对称的窗户和锯齿状檐口。

在此结构之上，是一个四角形的穹顶。第一层“鼓座”为带柱敞廊，第二层每边有 5 扇罗马浴场式窗户。穹顶上覆盖有花岗岩室，上有两层新古典坦比哀多式采光亭，其上是纤细的塔尖，越往上越细，由各种檐口饰和圆柱组成，顶为金字塔形，置于八边形底座之上。内室平面为正方形，由有力的回廊穹顶覆盖，没有支撑墩柱，因为安托内利在屋顶膜内放置了铁制系杆，将穹顶墙拉伸到极限。乘坐观景电梯可到达塔尖。建造期间有一些修改，庙堂被加长，建造成本也随之增加。对高度也有争议，以至于 1873 年市政府另批了一块地给犹太人建了现在的犹太教堂，将尖塔收归自有，一开始作为城市博物馆，之后又用作意大利独立纪念馆（现在是国家电影博物馆）。对尖塔的稳定性也有争论，因为基座相对较小，又要承受很大的重量，而且拆除一段墙之后，地基不完全沉降。数次停工之后，1889 年才竣工。

同样在这一年，埃菲尔铁塔建成，以建筑上的大胆尝试成为巴黎的标注，代表着新兴资产阶级、爱国和进步。选择铁作为有表现力的材料，用途，设计和建造的时间成为现代性的共同意识。同一时代，在大洋彼岸，芝加哥学派的领军人物正将这种意识体现在第一批摩天大楼上。

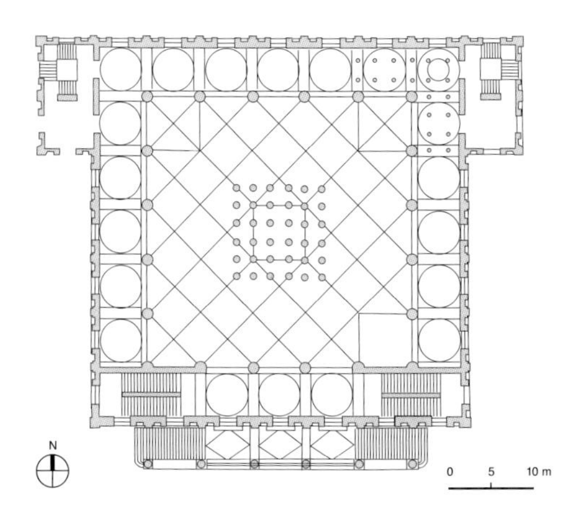

上图和左图

亚历山德罗·安托内利，安托内利尖塔的外观与平面图，1863—1889年，都灵，意大利

此建筑为敦实的砌筑结构，其基座尺寸相对较小，内室平面为正方形，由回廊穹顶覆盖。外部四面是一样的，采用改良过的新古典主义风格。穹顶上是一个高高的塔尖，最上面是一颗直径 4 米左右的星星。

杰出作品

维托里亚诺纪念堂

1880年维托里奥·埃马努埃莱逝世之时，意大利为纪念统一和第一位国王，进行了纪念建筑的第一次公开征选。参选建筑师竞争的题目是能作为新祖国和新罗马标志的建筑：作品要能体现“罗马式”理念，采用的风格要能被认出是“国家式”的。

1882年，经过第二次征选，坎比多里奥山要作为建造地点，设计的主要特征应包括至少30米长、29米高的建筑布景，有柱廊、大台阶和用于仪式和庆贺的平台。朱塞佩·萨科尼（1854—1905年）在征选中胜出。他设计了一座新的瓦尔哈拉神殿，一座新古典主义的歌颂、纪念建筑，象征性地与罗马的帝国广场和教皇的罗马划开界限，将历史和新政体展现给世人。

这座纪念堂1885年开工，但萨科尼在有生之年没能看到完工，因为工程困难漫长，为了运送材料，要先在山脊上修一条缆索铁道。他根据山上发现的山洞进行建造，慢慢改变了工程设计。

此建筑于1911年罗马举办世博会，意大利统一50周年之际由维托里奥·埃马努埃莱三世揭幕。它就像一个“意大利广场”，始终是意大利的标志之一。高高的台阶之上是一个祭坛，在高大的罗马守护女神雕像脚下，埋葬着为国捐躯的无名英雄。

下图

朱塞佩·萨科尼，维托里亚诺纪念堂，1885—1911年，罗马，意大利

此建筑位于科尔索大道的轴线上。萨科尼如同舞台布景一般依山势将建筑建起。面宽135米，深130米，高81米（不算顶上的驷马车），总表面积达17550平方米。其构图从中央进门大台阶开始，到上面长71米、舞台一般的曲线柱廊结束。柱廊由16根科林斯式柱组成，柱础高9.5米，两侧有两柱式通透的门廊，其上有带翼的胜利女神驾驷马车像，如同凯旋门。建筑中央的平台有祖国祭坛，其上有维托里奥·埃马努埃莱二世骑马像。这座建筑正是献给他的。

弗朗茨·约瑟夫治下的维也纳

经过玛丽亚·特蕾西娅和约瑟夫二世的改革，奥匈帝国的政治、经济大为发展，至弗朗茨·约瑟夫统治时，需要建一座伟大的帝国首都，作为政治、军事、商业和文化的中心。

为了让维也纳能够担此重任，帝国对之前所造之物在规划上和建筑上进行了深刻的改换：在城墙之内保留原有的中世纪布局，第一和第二道城墙之间原来未建设的广大护城带自 18 世纪末起用作林荫大道供人散步，周边遍布咖啡馆。更外面是几世纪以来陆续建立的小镇。要把城市的这两部分连起来，更新遗留下的住所，让服务能适应强化的首都功能，于是“戒指路”的计划出现了，它将原来的护城路开辟为大道，做成环形。开放的空间也成为结构的因素：顺着这一圈，是由当时最著名的德国及奥地利建筑师设计的宏伟建筑，决定了城市的总体布局和内部组织形式。戒指路建设以政府、企业、专业人士的紧密合作为特征，各建筑相呼应，要给不同社会阶层同样的尊严，提供适当的服务，所以有一种现代感。建筑秉承合理的严格性，所以扩展有序，全城建筑都严守规则，新建筑的品质水平要通过检查。维也纳和戒指路的例子包含着理解城市规划转变所必需的合题，城市已从理想化的设计和重建转变为满足政府各种现代功能、维持市民生活。各种各样的功能采用 19 世纪各种各样的风格“主义”，比如海因里希·冯·费斯特尔的感恩教堂（1856—1879 年）此前就已开始建造，后被纳入规划中，是一座法式哥特教堂；范德努尔和斯卡兹堡建的歌剧院（1861—1869 年）是新巴洛克式建筑；海因里希·冯·费斯特尔所建的实用艺术博物馆（1867—1871 年）是新罗曼式建筑，所建的大学（1873—1884 年）是文化的象征，采用新文艺复兴风格；特奥菲尔·汉森建的帝国议会（1874—1883 年）是两院所在地，采用庄严雄伟的新古典主义风格。

上图

弗里德里希·冯·施密特，市政厅，1872—1883年，维也纳，奥地利

此建筑是市政府所在地，采用新哥特风格，让人想起城市的中世纪起源。建它的工长也曾建科隆大教堂。建筑威严地俯瞰着广场，庄重的正面采用哥特式大教堂的形式。整体都促进向上的动势，尖拱柱廊，镂空敞廊，中央高塔，正面前凸处有 4 座钟塔。内有 6 座中庭和 1500 间房。

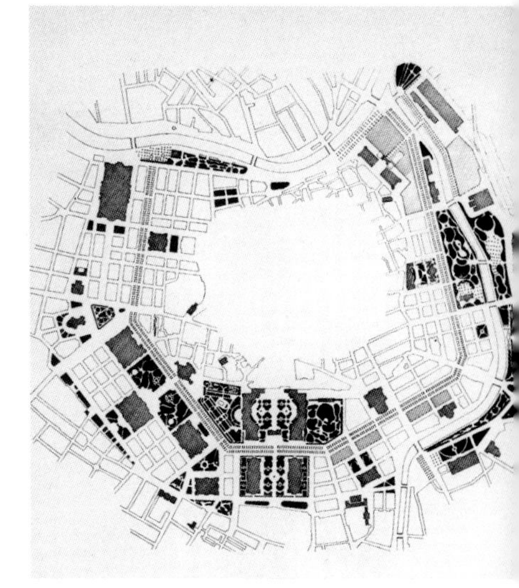

右图

克里斯蒂安·弗里德里希·路德维希·福斯特，戒指路平面图，1859 **年，维也纳，奥地利**

拆除城墙之后，城市按同心圆布局发展出特别的形状，有放射状道路，环形大道长 4000 米，宽约 50 米，沿途建起现代城市所需的、各种不同功能的建筑，合乎帝国的伟大和首都的代表性。

建筑先锋的美国

19 世纪正值美国经济和技术迅猛发展之际，资本主义取得巨大成功。在此时期，政治、文化和总体生活条件有了深刻变化。比起欧洲，美国建筑更加有意识、系统性地接受并重组久远风格的元素，寻根溯源。经过新帕拉第奥主义时期之后，美国建筑中一系列的复兴影响了城市和乡村，主要有三种趋势：新哥特、新古典和折中主义，最后一种是挣脱束缚、突破常规的风格。

19 世纪最初 30 年，新古典主义几乎霸占了建筑风格，但之后新哥特风格逐渐受到推崇，用于建造教堂、英式大学、监狱、军事建筑以英国农舍为原型的乡村住宅，采用威尼斯式哥特的格调。1870—1900 年间，南北战争之后，美国成为世界大国。大型工业出现，铁路发展，城市迅速扩张，为数以千计的工人提供了工作，极大地促进了社会进步。城市建设中，新材料和新技术成为主角，这正是新文化行将确立的表征。弗兰克·弗内斯（1839—1912 年）的建筑，如费城的宾夕法尼亚美术学院（1872—1876 年）和共和国国家银行（1884 年）都是粗野式作品，源自新哥特，但用了很多十分城市化的其他样式。亨利·霍布森·理查森（1838—1886 年）于 1858—1865 年间在巴黎美术学院学习，与亨利·拉布鲁斯特的兄弟一起。他钟爱罗曼式风格，在他看来，这种风格的本质非常有弹性，很适应现代社会的要求。他以此风格为灵感，设计了别墅、公共大楼、教堂和商场，采用坚实厚重、最简单基本的形体。石木材质的表现力和对砖块肌理的注重，让他的作品成为第一个自成一派的美国建筑。

左下图

亨利·霍布森·理查森，议会大厦的大台阶，1867—1899年，奥尔巴尼，纽约，美国

奥尔巴尼议会大厦的西台阶有 70 多个大理石、花岗岩制成的表面，雕刻精细，如柱头、檐口和栏杆等。因造价高昂，被称为“百万美元台阶”，是当时最贵的。艾萨克·佩里最终按照大台阶设计者理查森的罗曼风格完成了建造，增加了装饰，并做了玻璃天窗，以自然光照亮房间。

右下图

亨利·霍布森·理查森，马歇尔·菲尔德商场，1885—1887年，芝加哥，美国

此建筑总表面积达 46000 平方米，分 7 层，简洁中体现出强烈的质感。每层窗户一字排开，形式多样，使立面有变化。先是地下室通风口，之后是抬高层的低矮大窗，再是新颖的拱形窗，一层稍大，又有两层稍小，最后一排是规则的方形小窗。顶部有锯齿檐口，棱角分明，这使结构更紧凑，并将侧面拼合在一起。

芝加哥大火与最早的摩天大楼

摩天大楼于 1884—1894 年间起源于芝加哥，是美国对现代建筑风格形成的最重要贡献。“摩天大楼”这个词是英语“skyscraper”的直译，代表了一种向高、向上的建筑形制。由于采用了新的工程和建造技术，新设备被发明出来并使用，1857 年伊莱莎·奥蒂斯注册了电梯的专利，新材料（主要是钢材）等也被采用，现代摩天大楼这种建筑形制才得以产生并广为传播。这种建筑的形式逐渐确立，以工业文明的手段将过去种种意义加以发展和体现，是经济强盛的象征，建筑探索的标志，技术上的挑战和城市规划的更新。摩天大楼这种形制逐渐形成的时候，芝加哥是一个在商贸、运输等方面正蓬勃发展的城市。1871 年，一场大火摧毁了芝加哥的商业区。庞大的重建工程给了许多建筑师一个极好的机会，迫使他们发展出新的建筑形式和技术。大火中只有一座建筑得以留存：奥托·H.马茨设计的尼克松楼。此建筑有 5 层，采用铸铁柱和钢梁，梁上包裹一层两厘米厚的水泥，外墙为砌筑面。从这个经得起考验的建筑出发，并将其在传统“轻捷型架构”——用钉子固定桁架——方面的试验、创新加以完善，采用最先进的建造技术，做创新性的建筑，并考虑新建筑的功能性，现代城市的面貌由此形成。威廉·勒巴龙·詹尼（1832—1907 年）对这种新式建筑设计的定义做出了最大的贡献。他是一名工程师，毕业于巴黎中央理工学院，发明了“标准结”（梁与柱之间的刚硬连接）。随着骨架式结构的摩天大楼产生，所谓的“芝加哥学派”也对此做出了很大的贡献。

右上图

威廉·勒巴龙·詹尼，莱特大楼当时外观，1879年，芝加哥，美国

此建筑采用了混合的体系，成为城市新型建筑的原型，体现出与以往不同的设计方式。砌筑中的柱形包裹着钢柱，以支撑木质楼板。家庭保险大楼和莱特大楼最早采用了钢和铸铁的承重框架。由此开始，这种建造方式一直是摩天大楼建造技术问题的参照。

右下图

路易斯·沙利文，担保大厦，1894—1895年，布法罗，纽约，美国

框架结构基于梁柱交叉以承重的原则，在地基之上建起框架，以钢和铸铁的承重梁和柱组成，支撑起楼板和不承重的填充板。楼板是用空心砖做成的，以保证轻重量。一般而言，外墙为连续砌筑，用砖制或石材的柱子分隔，石材经过处理，强度足以承受自身重量和楼板重量。外面通常还要覆盖一层防火砖。

芝加哥学派

芝加哥扩张之际，一群建筑师和工程师从美国各地涌来。所谓“芝加哥学派”代表的建筑艺术的发展，是美国文化的重大事件之一。不到50年的时间里，这一运动产生出原创、本土、有机的建筑，并以此建起写字楼、酒店、商场、工厂、住房、学校、教堂、摩天大楼等。其实在芝加哥学派之前，欧美从塔楼转为摩天大楼的技术、形式因素就已经成熟。1840—1860年间，大商场建造中就已采用铁梁。承重结构和厚墙都裸露在外，承重点之间的空间用玻璃门窗覆盖，所以整个立面看起来都是通透的。由詹尼引入的技术创新为芝加哥学派的发展奠定了基础。除了詹尼之外，第一代建筑师还包括阿德勒、沙利文、鲁特和伯纳姆。也是在这一时期，芝加哥产生了建筑公司，即现代意义上的建筑事务所，建筑师和工程师合作。丹克马尔·阿德勒（1844—1900年）和路易斯·沙利文（1856—1924年）之间就达成了通力协作的关系。阿德勒研究过建筑的总体架构之后，就开始研究技术、结构方面复杂问题的解决办法，以及内部空间布局；而沙利文则研究用什么样的立面盖在建筑之上。沙利文曾在巴黎美术学院学习，尽管只有几个月。而所谓的第二代设计师几乎都有在勒巴龙·詹尼的工作室学徒的经历，时间或长或短。由此，芝加哥学派分成相对的两支派系，各自有独立的历程。

上图

丹尼尔·伯纳姆，约翰·韦尔伯恩·鲁特，信托大厦，1894年，芝加哥，英国

芝加哥第一座高层居住建筑，钢结构可见，中间嵌以非承重墙。钢制15层，立面采用弓形窗，形成动态。

左图

丹克马尔·阿德勒，路易斯·沙利文，大礼堂，1886—1890年，芝加哥，美国

沙利文看过理查森的马歇尔·菲尔德商场之后，尽管刚完成大礼堂的设计，又重新开始，采用其建筑语言。大礼堂是阿德勒和沙利文第一次合作，结构宏伟，表现力强，效仿理查森的建筑。在这座“市民神殿”的建造中，建筑史发生了转折。不同的外观对应不同的功能，采用三部式设置，横向形成大条带，纵向开大小、形制各异的窗。由此，在几层砌筑层之上，矗立起如雕塑一般、风格大胆的大厦，让人想起中世纪的公共大楼。

沙利文与有机建筑

采用芝加哥体系最大胆也最艺术的表现形式的建筑师，便是路易斯·沙利文。实际上，正是因为他，摩天大楼才于1890年左右获得具体的特征，放弃了勒巴龙·詹尼建筑的犹豫不决，无畏地甚至是炫耀地表现出其最独特的特点——垂直主义。对于垂直形式的建筑，沙利文成功给出了合适的回答。这是他个人对摩天大楼形制的进一步发展，在各个设计中变得优越、实用，同时又雅致，因为这被视作感官与文化的最高表达，直接由建造及技术创新而来，同时也充分满足了社会需求。他觉得，建筑的功能应该决定其形式，并用一句著名的话概括了其理论："外形跟随功能。"每一种功能都应该找到最符合的外形，因为建筑被设计出来，首先是要使用的，而不是为了美学价值。他将光线、空气和空间作为首要目标，主张采用铁制承重结构，让围墙不承担任何承重作用，使之变薄，只是隔板。这样的技术创新使得底层的商店可以开很大的橱窗，用来展示商品。这种准则1890—1891年间在圣路易斯的温赖特大厦上、1894—1895年间在布法罗的担保大厦上得以完善。但沙利文是在与阿德勒分开之后，才于1899—1904年间设计并建造了著名的卡森皮里斯科特商场，即原来的施莱辛格-迈尔商场。

下图

路易斯·沙利文，卡森皮里斯科特商场的外观和细部，1899—1904**年，芝加哥，美国**

此建筑以其动态平衡和高贵典雅，标志着沙利文所作探索达到的最高成果。因为采用了钢架结构，建筑可以建得很高，而且可以开很大的窗。这意味着内部光线更充足，通行面积更大，可用的建筑空间也更多。各层布局尽量自由，使用者可根据自己的要求布置空间。

建筑语言被简化，但框架结构依然可见。除了底部，填充部分无装饰。底部的金属板装饰丰富，勾勒出垂直承重结构、入口和下层的轮廓。立面采用具有表现力的语言，造成起伏，为这种"商业风格"新型建筑的宽大立面探索新构图。入口处的装饰采用精致的新艺术风格，让人感觉藤蔓顺着底部橱窗的轮廓纠缠蔓延。

此建筑在城市规划方面也有很高价值，转角处设计成圆柱形，开口更密。

此建筑让沙利文成为现代建筑的先知，卡森皮里斯科特商场甚至成为了弗兰克·劳埃德·赖特设计法的基础。

新艺术

“新艺术”这种风格涉及造型艺术、应用美术和建筑，1890年至第一次世界大战期间主要盛行于欧洲。其名称来自巴黎一间名为“宾氏新艺术之家”的画廊，该画廊于1895年开业，有各种类型的许多艺术品，采用创新的设计，包括家具、地毯等。

因为产生的背景不同，所以各国的新风格有一些细微差别，依其对新风格的诠释和所选的不同艺术表达而定。甚至各国对其的叫法都不同，法国和比利时称其为“新艺术”，英国称其为“现代风格”，德国称其为“青年风格”（来自《青年》），奥地利称其为“分离派风格”，意大利称其为“花叶饰风格”或“自由风格”，西班牙称其为“现代主义”。

虽然各国对其称谓不同，也有各自的细化，但这个风格的产生是为了对抗19世纪后半叶的各种复古倾向（如新古典、哥特复兴和折中主义）：不要从建筑史中提取元素和形制并加以现代诠释的各种风格，而要直接从自然中汲取灵感的艺术生命力；不是模仿自然，而是重新创造自然，构图精致，以线条为主。其结构元素被研究，以动态、起伏的线条表现出来，呈“鞭状”，有各种动植物的装饰。新艺术这种趋势展现了正在形成的现实，偏爱工业型材料，如铁、玻璃、铸铁和彩陶等。

91页图
维克多·霍尔塔，塔塞尔公馆外观细节，1893年，布鲁塞尔，比利时

各国不同的细化中主要有两个大方向：第一个以布鲁塞尔和巴黎为代表，其特征是使用弯曲的形状；第二个以格拉斯哥和维也纳为主要城市，其线条更加风格化，形状更单纯。这一文化、品位的现象以“完全艺术”的概念为基础，这一概念影响到应用美术、图形艺术、绘画、建筑和城市规划。但主要是在建筑中，这一运动取得了“作为一种风格的尊贵和力量”，想要创造一种国际语言，反映出“世纪末”的大都会文化，和平繁荣的美好年代，这是经过漫长的文化变迁和口味演变之后的结果。

争论之外的国家和人物

新艺术出现并发展于欧洲，1900 年左右达到高峰。不同国家有不同的风格意义，但都在频繁文化交流的共同氛围中。其最活跃的中心包括如上文提到的布鲁塞尔、巴黎、格拉斯哥和维也纳，而欧洲之外的城市则只在少数情况下受到这种新潮流的感召，在各届世博会上为人所知。这种新风格似乎没有影响到大洋彼岸的美国。在那个时期，美国走出了自己的道路，特别是摩天大楼形制的产生，这也是美国对现代建筑语言形成的重要贡献，但却与新艺术运动毫无关系。要有关系也只是建筑结构和装饰的关系，其装饰元素也来自大自然，这便和欧洲用花草样式的趋势联系起来。美国对此运动的贡献来自纽约蒂芙尼的花玻璃，大量采用自然主义和曲线进行

左图

维克多·霍尔塔，塔塞尔公馆内部，1893年，布鲁塞尔，比利时

这是第一座体现出新艺术风格的建筑。塔塞尔公馆的内部表达出“整体艺术品”的概念，即建筑与装饰艺术的结合。内部符合新式建筑语言，这种语言的首要特征是效仿自然元素。楼梯将蜿蜒展开的金属结构完全暴露在外，符合新的造型原则。植物线条的使用表达出新艺术的精髓。所有的元素，包括墙上的壁画和地面的马赛克，都按统一的风格设计，整体定义了空间。

右图

阿道夫·洛斯，卡尔马别墅内部，1904年，蒙特勒，瑞士

此建筑的灵感来自瓦格纳的建筑，内部依照“覆盖原则”，表面都贴上某种材料，或饰以颜色，比如入口处，就用黑、白、红三色的大理石，马赛克天花，作为结构的装饰。

左图

亨德里克·彼得鲁斯·贝尔拉赫，钻石交易所外观，1898—1903年，阿姆斯特丹，荷兰

贝尔拉赫遵循荷兰的传统，将砖墙视为定义城市形象特色的首选材料，呈现出的强烈质感和实在感是一个时期的见证。这个时期鄙夷一切所谓的“时尚”，以及所有新艺术风格的装饰倾向。

装饰。

在欧洲，新艺术很快便遭到批评和反对，甚至在运动内部和最活跃的国家也是。有几个孤立的人物提出了与新语言完全相反的建筑，为此后现代建筑设计思想的发展打下了基础。

奥地利的阿道夫·洛斯（1870—1933年）原与分离派走得很近，但很快与之分道扬镳，提出毫无装饰的建筑，采用一种简单、线性的语言，从技术和材料中找出建筑形态的原样。他在《装饰与破坏》一书中反对满是“无用装饰”的设计。原创、装饰、新意都变成要贬责的词，目的是要理性运用空间，走向一种只讲实用的建筑，形态只要符合日常实用的要求。在荷兰，工业与手工业的关系逐渐边缘化，因为建筑和城市规划紧密相连，城市的设计受到艺术上层的严格管控，以保证外观一致，承续固有的建筑传统。在此方面，亨德里克·彼得鲁斯·贝尔拉赫（1856—1934年）的作品体现出强烈质感，与当时占统治地位的新艺术格调完全决裂，其特点是形体简单，故意让砖块可见。贝尔拉赫讲究匀称和尺度，使用模块，以保证作品的隽永，但完全不用精细的装饰。法国的奥古斯特·佩雷（1874—1954年）和托尼·加尼耶（1869—1948年）是第一批从美观角度而不仅是结构角度使用钢筋混凝土的人。但佩雷将建筑的结构完全显露出来，不管是功能还是美学方面；而加尼耶则主要关注城市规划及规划与工业的关系，从各个领域来形成井然有序、功能完善的新城市，有理性主义的先见之明，在法国里昂已部分实现。

在效仿中世纪的西班牙，加泰罗尼亚人安东尼·高迪（1852—1926年）试图与19世纪的刻板僵硬决裂，其建筑形式和丰富的风格完全是自己的，不属于当时欧洲任何国家的特色风格。

装饰

装饰新风气以线条为主，让所有造型流派认为所有人类作品都可以成为艺术表达。每一个物体，每一处地点，都成为新风格的表现。而从自然中汲取灵感，让每一件作品都以曲线为特征，时而是优雅的装饰，时而是花朵的图案，时而是阿拉伯式的点缀。1893年芝加哥世博会上，欧洲的艺术与装饰经验与新大陆最现代的建筑流派相遇。这些流派关注的是使用钢结构带来的效果，尤其是芝加哥学派发展起来的摩天大楼形制。铁和玻璃这些新材料似乎很能表达新颖、轻盈的意图。日常物品完全被盛极一时的"美好年代"审美品位所挟裹。在工业艺术领域，画家和玻璃制造家路易斯·康福特·蒂芙尼代表了美国对"新艺术"的贡献。他曾在巴黎求学，后回到美国，将金属与玻璃的结合运用在室内装饰和物品上，创造出珍贵的花瓶，花窗，精致多彩、造型高挑弯曲的灯具，以及彩色玻璃的灯罩和首饰，以其梦幻般的装饰效果独树一帜。玻璃、金银器、木艺等工艺达到全新的精美程度。铁的锻造与建筑紧密相关，在这方面，通过模仿各种形状，展现四季变化，表现植物的生机勃勃来效法自然。建筑师、铁匠和手工艺者之间形成紧密的联系，其基础除了全面促进新风格的"完全艺术"概念，还有资产阶级订购作品，想要靠近艺术世界的意愿，他们以此来弘扬自己社会统治阶级的地位。在维也纳分离派中，手工艺在风格的确立中担负起十分重要的作用，成为约瑟夫·玛丽亚·奥尔布里希、奥托· 瓦格纳、约瑟夫·霍夫曼

左图

路易斯·康福特·蒂芙尼，花瓶，1898年，私人收藏

1893年，路易斯·康福特·蒂芙尼发明了一种带虹彩的吹制玻璃（英文称为favrile），饰以掐丝，覆以薄彩，用以制作花瓶、灯具和玻璃窗。路易斯是蒂芙尼玻璃及装饰公司的创始人，还是其父亲创建的著名珠宝企业蒂芙尼公司的艺术指导和总裁。最美丽的新艺术风格花瓶就是这家公司制作的，不仅所用材质珍贵，而且造型美观，极具代表性。

右图

奥托·瓦格纳，圣利奥波德教堂入口处的小塔，1903—1907年，维也纳，奥地利

此教堂所有的装饰，代表着分离派艺术家和维也纳工作坊密切合作之集大成者。门廊的圆柱上端立着4尊青铜天使像，是雕塑家奥特玛·西姆科维茨（1864—1947年）的作品，他与瓦格纳在许多建筑中都有合作。

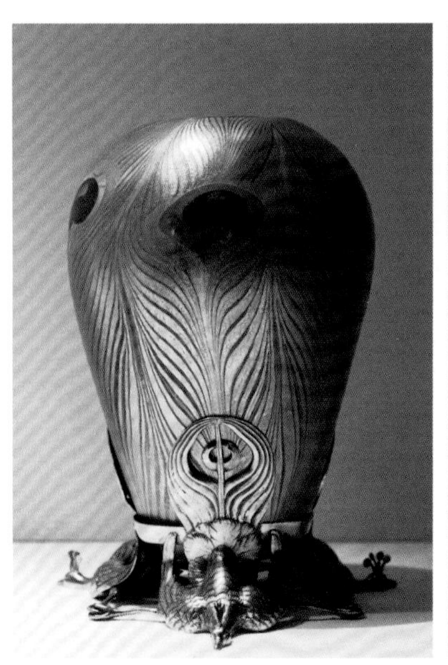

等人的建筑中不可分割的一部分。这些人与科洛曼·莫泽及其他“维也纳工作坊”的艺术家一起，将装饰艺术提高到新风格标志的高度，作为对传统的回应。

建筑师的创造力与手工艺者的装饰作品和谐相融，组成一种“艺术配对”。作品最多的“配对”有伦巴第的朱塞佩·索马鲁加（1867—1917年）和亚历山德罗·马祖科泰利（1865—1938年），前者是米兰富裕资产阶级的建筑师，后者是锻铁大师。马祖科泰利将美丽动人的形状运用得超凡脱俗，将露台、门窗融入建筑。在他的铁艺作品中，艺术家炽热的创造力与匠人的巧夺天工相得益彰。索马鲁加的建筑中发明出许多生动活泼的形式，尤其以“扭结”为主题发展出许多样式，时而严谨规矩，时而松散自然，其多样的造型把材料当成黄油一般，试图适应建筑被预设好的形状。

埃内斯托·巴西莱则一直与众多商号有同心协力的合作。比如布置和线条装饰方面与杜克罗特合作，照明方面与卡拉法合作，瓷器方面与弗洛里奥合作。巴西莱的影响力十分强大，其语言在当地传统中扎下了根，以致“自由风格”在西西里一直延续到1920年以后，这也是一般认为的此运动在全欧洲开始衰落的时间。巴西莱的语汇如此深入，得力于他的弟子，如萨维里奥·弗拉加帕内（1871—1957年），同时也有不知名的手艺人粉饰工和凿刻工的贡献。

上图

菲利波·拉波尔塔，楼梯细部，卡鲁索小别墅，1906—1908年，巴勒莫，意大利

这是巴勒莫上层资产阶级宅邸的范例。新艺术已进入所有创意领域，一切都臣服于这种新风格的力量下，就连卡鲁索小别墅中巴勒莫式楼梯柔韧延展的木头也是。

“美好年代”和世博会：现代世界由此开始

“美好年代”这个词出现于第一次世界大战前夕，用来指之前的一段时间，带有一种怀念的感情。这段文艺兴盛的时间开始于19世纪末，至第一次世界大战爆发结束。

经过几世纪的征战，欧洲在维也纳会议之后开始维新，这导致了民族国家的产生，之后欧洲享有了一段很长的和平时期。不到40年的时间，欧洲历史风云变幻，科学似乎打败了所有疾病，新发明让所有社会阶层的生活都更加容易。城市被翻新、扩建，因为人口增长也就意味着需要让建筑适应人多及新的卫生标准。商贸及运输愈加繁忙，铁路新修、扩建，汽车越来越普及，这就必须建立新的交通网络。主要的技术创新还包括飞机、电话和电报。

人们对进步有着坚定的信念，产生出一种生活的喜悦，觉得科技会解决生活所需，将人们从劳累中解放出来。实证主义这一哲学流派不仅滋养了文化，还养成了公共观念，间接影响了日常生活。每个人根据自身条件不同，都可以日渐提高生活水平，一切皆可、无忧无虑的乐观精神让人们努力去满足每个欲望。人们有了空闲时间，每个社会阶层都有权娱乐消遣，艺术全面繁荣。不仅从文化角度如此，艺术还变成了娱乐的形式。卢米埃兄弟创造了电影院，人们对戏剧、歌剧和芭蕾趋之若骛，电灯让橱窗里的各色商品熠熠生辉，咖啡馆里知识分子相谈甚欢。赏歌舞看戏剧，去电影院和赌场，观看体育赛事和时装走秀，或者散步，代表了消遣娱乐的最佳方式。各阶层都去逛百货商场。书里、报纸里、杂志里、会议上，都有完全的思想自由，展现出前所未有的社会意识。

这是各方面极为丰富的“美好世界”的胜利。这种新精神要求的美，让艺术和建筑出现了新的风格和模式。这些新形态，如印象派和新艺术，正是这个极度繁荣的美好世界的写照。时机已经成熟，要进行一场牵涉所有艺术的国际性运动。

于是，繁复奢华的装饰占据了所有的表面，包括各种家具陈设，从自然的蜿蜒形态中汲取灵感，表现社会的活力和富足。欧洲的各大首都，如巴黎、伦敦、维也纳和柏林是这一时期传播新风格的中心。

1890—1900年间，新艺术的语言业已成型，并四处传播。格拉斯哥的查尔斯·伦尼·麦金托什于1894年伦敦艺术与手工艺展览协会举办展览之际，以受到新风格影响的作品体现出艺术与手工艺之间的关系。这一时期的著名人物还有巴黎的埃克托尔·吉马尔，布鲁塞尔的建筑师维克多·霍尔塔和亨利·范德费尔德，巴塞罗那的高迪，维也纳的约瑟夫·玛丽亚·奥尔布里希和奥托·瓦格纳——这两人是1897年分离运动的领头人。帕勒莫的埃内斯托·巴西莱于1899年建造了镜厅，在伊吉亚别墅中，这是意大利首个

下图

亨利·德格拉纳，路易·卢韦，阿贝尔·托马，夏尔·吉罗，大会堂，1900年，巴黎，法国

巴黎的大会堂建于1897—1900年间，是为了迎接1900年的巴黎世博会。此建筑是“给共和国和辉煌灿烂的法国艺术的献礼”。它面朝香榭丽舍大道，立面为仿古式。主体长240米，采用爱奥尼亚式巨柱，结合新艺术的铁架玻璃结构。此建筑用于展出美术和装饰艺术作品，有铁架支撑的玻璃穹顶，铁架起到立柱的作用，有网状顶。

“自由风格”的建筑。

新艺术的语言自此已完全成型，由于其国际化的特点，通过各届展示推广工业制品的世博会，这种新风格传遍整个欧洲，甚至传到大洋彼岸，路程时间的缩短也有裨益。世博会原是效仿中世纪的集市，这种集市上人们展示、售卖、交换各种各样的产品。19 世纪中叶左右，商店和市场的数量增多，交通运输更加便利，集市变得不再重要，工业革命的技术创新也深刻影响了人们思维及生活的方式。于是，博览会产生了，有的是为了展示一个国家的特产，有的是为了纪念特定的历史事件，直到世界博览会，旨在向广大公众展示最新的技术或多样的产品。从事生产的资产阶级想通过博览会宣扬创新，展现新技术的神奇，异域风情及手工艺、工业、艺术制品。印刷、绘图和摄影为相互之间增进认识做出了贡献，对博览会的报道被越来越多的人所知。

这些都成了展示技术和工业发展的精美橱窗，对社会和经济生活的方方面面造成了强烈的影响。展览会上展馆的形象越来越受重视，因为这是当时工业及艺术产品的标志，可激起人的兴趣与好奇。组织世博会不仅是为了传播新的工业制品，也是为了传播造型艺术各领域的新思想和新做法。与此同时，新艺术也在世界范围内发展扩散。对于这种风格的确立和

下图

夏尔·路易·费迪南·杜特，维克多·孔塔曼，机器展示长廊，1889年，巴黎，法国

夏尔·路易·费迪南·杜特和维克多·孔塔曼为1889年的巴黎世博会设计这一处机器展示长廊，将铁和玻璃这些新材料运用得淋漓尽致。此长廊长420米，由铁架结构组成，下面每侧23门一字排开，嵌入土中，上面三铰链的拱跨度115米，中央合拢处高43.50米。此建筑的占地面积是到那时为止最大的。从高架天桥上可以将整个室内和展出的“机器”尽收眼底。虽然此建筑1909—1910年间被拆除，但它代表了钢结构建筑史上一个十分有意义的时刻，对于新式大跨洞结构的工程建筑，这是第一个模本。

传播，1900 年的巴黎世博会特别重要。为了庆祝新世纪的开始，世博会上要展示所有的最新技术，其中包括自动扶梯、电车、机床等。1902 年在都灵举行的首届现代装饰艺术世博会让新风格在各个领域内取胜，并开始向外传播，这也要归功于通信手段，如杂志、设计院校和工作室等。1889 年巴黎世博会竖立起巍峨的埃菲尔铁塔，1896 年奥运会在雅典再次开幕，博览会是大城市充满光明与生命的康庄大道，是一个时代富足的体现。

新商业场所：市场和大商场

如果说铁架玻璃屋顶是 19 世纪工程建筑最典型的表达，可用在商业长廊、温室和火车站上，那么用于商场才能最好地体现其作用：覆盖下部以形成内部空间。商业建筑求大、求全，第一批采用铁架玻璃作为结构材料并考虑其美观的公共建筑便是市场，用大屋顶盖住广大的零售区域，这类市场通常售卖食品，位于城市内部。这种卖场的形制有很古老的根源，能保留特别的环境氛围。揭开习惯和日常生活的面纱，这是我们可以了解的城市历史的一部分。人口增长促使工业生产、地区和国家商贸也相应增长，很快，社会的发展使得无产阶级也能享受市场经济带来的好处，越来越多的人有钱可用。除了与殖民地之间的贸易往来，在国家内部，消费品的分配也在增长，如服装鞋帽、用具器皿等，供应网络比之前由零售生鲜的小商贩组成的网络大得多。市场越来越专业化，城市中出现了一类新的公共空间，这就是商场。工业化及批量生产深刻地改变了消费习惯。至 19 世纪末，几乎所有的欧洲大城市都有一座大商场。如果中型城市里有足够的中等收入人群，或者是薪酬较高的工人阶层，那也会有大商场，商场还能反过来起到提升城市等级的作用。1830 年开始，法国所谓的“新品商场”就代表了从传统商业场所到新型铁架玻璃建筑形制的过渡。大商场是欢度日常的地方、消遣的地方，并不一定要买东西。商场通常有一个中央空间，由长廊相交，上面盖着大玻璃顶，用走道和楼梯连接各部。大商场的普及代表了城市转型过程中、社会消费逻辑中一个重要的转折，这既是这种变化的结果，同时也是这种变化的加速因素。欧洲第一批商场建于巴黎，这座城市有传播此建筑形制的最好条件：路网运输高效，城市发展往往将富裕者吸引到中心城区。在奥斯曼男爵（1787—1876 年）对巴黎的规划中，维克多·巴尔塔受命扩建原有的“大堂”市场，这里原是食品批发市场。企业主们都很清楚，巴黎作为时尚中心和消费资源集中地，有至关重要的战略意义。巴黎春天、莎玛丽丹、老佛爷百货等大商场里，精雕细琢、花卉纹样的金属支架撑起多彩玻璃窗，楼顶还有全景露台，城市风光尽收眼底。这些大商场为巴黎旧貌换新颜做出了贡献。20 世纪初，几乎所有欧洲大型首都城市都有大商场，位于交通大动脉上。这些要道有的完全是新造的，如奥斯曼的巴黎；或者是改造的，如伦敦的肯辛顿区。还有的商场在人们散步的街道上，比如柏林的莱比锡大街或

下图

乔治·舍达纳，费迪南·沙尼，老佛爷百货的穹顶，1912年，巴黎，法国

这栋建筑在设计之初原是歌剧院，有楼上包厢和花叶装饰的栏杆，中央铁架玻璃的大穹顶用来照亮大厅和主楼梯。现在五层遍布商铺，还有一间茶室和一个图书馆。

右上图和右下图

维克多·巴尔塔，“大堂”市场外观版画及棚内细部版画，1852—1859年，巴黎，法国

“大堂”市场原本以石材建造，但维克多·巴尔塔完全改变了构造，设计了巨大的矩形布局，有14个钢、铁、铸铁结构的场馆，以透亮的玻璃顶覆盖。顶棚内部，宽阔的过道贯穿其中，如同有顶的道路，既方便展示商品，也可去往店铺内。结果这里成为世界上最大的商贸区域之一，其结构非常符合变化过的要求和时代的精神。

米兰的主教堂广场。虽然小商贩激烈反对，但大商场还是很快有了积极的效果。它们是现代化和技术创新的推动者，也是第一批使用电灯、电梯、自动扶梯和空调的建筑。建筑的特质、楼宇的巍峨、宽阔的入口大厅，都表明了建筑的用途，这是买卖之地。大商场对城市景观在建筑方面的影响非常可观，而且通常位于有很大象征意义的地方。

工厂建筑

工业化进程于1780—1820年间由英国开始，自19世纪中叶起，法国、美国、德国、瑞典、日本及其他国家也相继开始工业化。19世纪60年代后期开始的经济和技术大发展被称为“第二次工业革命”，很快传遍全欧洲和世界，受到新兴资产阶级思想的技术、政治和社会因素影响。工厂增多，采用新式机械和生产系统（如三班倒、批量生产、流水线组装）生产新商品，主要是化工和技术行业，工人都集中在巨大的厂房内。厂房的建造既综合考虑了各种需求，也采用了新艺术的装饰细节。这一现象之所以能实现，要归功于某些人的投资。他们希望弥合艺术、手工艺和工业之间由来已久的割裂，让自己成为新工业的代言人。1907年创立于德国的“德意

左图

古斯塔夫·埃菲尔，路易·夏尔·布瓦洛，乐蓬马歇百货公司，1869—1877年，巴黎，法国

通常认为，乐蓬马歇百货公司在巴黎第七区塞夫尔街24号这栋1869—1877年间扩建过的建筑中开业的日子，也就是大型商场诞生的日子。建筑师路易·夏尔·布瓦洛是路易·奥古斯特·布瓦洛之子，后者在1867年已经建起了一部分建筑。路易·夏尔·布瓦洛和工程师古斯塔夫·埃菲尔造了一个折中主义风格的外观，老虎窗和入口处美丽的遮阳棚都有很明显的巴黎风情。每个角上的造型状如小塔。

志工艺联盟”便是建筑与工业之间新关系的标志。这个联盟由12位艺术家和12个工厂合作创立，是一个思想工坊。德国电器工业公司的涡轮机工厂是这种社会背景的标志，由彼得·贝伦斯（1868—1940年）于1909年修建。他是“德意志工艺联盟”的艺术家之一。此厂房将使用需求和功能与艺术元素结合。实际上，贝伦斯给建筑赋予了强烈的思想价值，不仅将其看作一个工厂，更把它当作一个纪念性建筑、工业的标志。厂房体形简洁，承重结构大部分为金属制成，带钢制铰链的铁柱越往下越细，置于钢筋混凝土基座之上。大面积玻璃凹进，凸显出垂直元素的建筑作用。正面有混凝土的工厂标志，让工厂好像一座庄严的、献给劳动的世俗神殿。柱子就好像神殿的圆柱，柱子之间的玻璃就好像圆柱之间的空间。内部设计利于生产，顶棚覆盖着开阔的空间，工位和机器顺着过道排开，顶上有可滑动的吊车。贝伦斯是AEG公司的艺术顾问，从标识到目录，从招贴画到宣传册，从车间灯到电锅炉，都要咨询他。这是第一个“公司形象”的案例。此工厂因为建筑合理，功能完善，迅速成为以后几年中德国所有工厂的模板。在其他国家，新艺术的影响更大，工厂也以此风格的典型形式建造，同时采用石质和陶瓷材料，有檐饰和彩色玻璃窗、大招牌、锻铁，有图形化的细节，或装饰以花卉图案。

资产阶级城市和社会主题

一种新的空间感迎合了20世纪生活的要求。19世纪的城市释放出一些新的区域，用于新的功能，如剧院、地铁、商场等。所有新设计的建筑都标新立异，试图从形式和装饰上与他者区分开来。资产阶级推动新运动，其特征是高雅精致而现代化，偏好丰富的装饰，追求创新。这映衬着新的生活方式，人们在家中迎客，前所未见的城市社交形成了众人遵守的世俗礼仪。人口越来越多，人们的要求也越来越高，消遣空余时间的方式也随之越来越多样。新思想主张愉悦地生活，要求每一个社会阶层都有高质量的地点用以打发时间。

在这样的资产阶级社会中，中层白领和“第四阶级”无产者找到了位置。资产阶级、中产和无产者成为城市发展的裁判，体现在宅邸、商场、别墅和民居中。最重要的见证并不是精确规划的结果，而是资产阶级发起的。酒店和度假村的兴建是进步理想的具体体现，也是资产阶级社会对现代化的最真实向往。这些投资旨在取得高额经济回报。在这里，新艺术似乎有两面：一方面它是精英的艺术，创造出别具一格、无法重复的产品；另一方面，它又支持批量生产，让普通工人也能接近这种表达形式。新建筑既是上升中的资产阶级的艺术，也是给无产者的范本，它赞颂进步，直接从生产中汲取灵感，试图自立为阶级融合的工具。于是，阶级冲突似乎达到了一种平衡，这种平衡建立在劳动者组织之上，建立在他们组成工会取得成果之上。而风格作为个体和国家身份的表达，正向符合时代精神的“时尚”理念靠近。

生活新风气和私人宅邸

许多首都城市的人口突然增长，加剧了住房问题。大都会的人口总是越来越多。

巴黎这类城市都会有的问题是中心城区拥堵，这就需要扩建，把城市延伸到能吸引资产阶级的新街区。住房的社会用途改变了，于是便产生了新的建筑形制。被当作模本的形制有“公寓楼”，就是房东将一栋楼分成几间公寓出租。这种楼建起来就是为了投资的，主楼层给主人用，楼上几层出租。还有“公馆”，这是一种奢侈的房屋，具有代表性，只属于一个房主，从法

左下图和右下图

彼得·贝伦斯，AEG公司大楼的外观及内部，1908—1909年，柏林，德国

此建筑采用简化的形体，将钢结构暴露在外，中间嵌以轻质玻璃，棱角上则是坚实有力的石材。内部明亮，装配完善，适合生产。

国巴洛克时期起就已经存在于建筑和城市规划的文化中。“公寓楼”从概念上说比较新颖，最下面的底层和夹层组成的部分用于开店，或者给第三方做其他用途，用于出租的通常有6~8层，屋顶的亭子间给用人住。屋内空间大小、公寓位置、所用材料都依社会阶层而不同。“公寓楼”顺着道路可有好几个街区，留下整齐划一又容易辨认的特色，是一种可靠的投资方式。地块的分割呈现出小型田园城市的样子，里面有私人道路，有个人空间也有集体空间。这种新的“好卖住房”形制有资产阶级意味，广大人群都可以负担得起。比利时的霍尔塔和范德费尔德、奥地利的瓦格纳和奥尔布里希、法国的吉马尔所倡议的正是为了迎合这种广泛的要求，当时的环境也做好了迎接他们做法的准备。在吉马尔为巴黎富裕资产阶级设计的宅邸中，他将功能与装饰调和起来，房屋布局要按合理、舒适的要求来，每层都有供水供气的装

左图

维克多·霍尔塔，“民众之家”的咖啡厅，1896—1899年，布鲁塞尔，比利时

此咖啡厅位于建筑的底层中央，与资产阶级咖啡馆的理念相去甚远。资产阶级咖啡馆是供上流绅士休憩、密谈的僻静之所，而这个咖啡厅则像是一个带屋顶的广场，供人们高谈阔论，举办聚会，召开工会会议。其摆设也像是城市的风景，灯和座位都是铁制的。结构交合处和承重件都使用铁，这与维奥莱－勒－杜克在《建筑方法真谛》中所说的功能性、结构性骨架的理念一致。轻盈的铁结构暴露在外，顶上花样繁多。实际上，使用金属结构，构图就很自由，可以完全用玻璃包裹。为了让不规则平面构图变直，屋顶上采用了斜梁和垂直小梁，并有两组成对的横向长轴，与两组成对铁制垂直支撑接合，接合处稍弯曲。

置。建筑的体形设计困难，却要求最高的舒适标准。哪怕不那么富裕的阶层对装饰的要求，它也做出了回答。建筑内各个社会阶层可以区分开，避免混杂，强调个性。所以公寓户型图特别受重视，要符合苛刻资产阶级的要求，有些房客甚至要自己选择内部的最后收尾装潢。

住宅建筑，资产阶级楼宇

1890—1910 年间，人口增长和住房建设都达到了飞快的速度。以新艺术风格建造的大部分建筑都是单门独户的私宅和公馆，有一种变体是艺术家的工作室加住房一体房屋，还有带底商的住宅。资产阶级在城市内住房的代表，正是上文提到的"公馆"，是仅属于一个房主的奢侈房屋。它与用于出租的"公寓楼"一样，都是广泛地产投机的结果。这种投机导致了住宅区的产生。住宅区的形制固定，比例一致，有严格的建筑规范。资产阶级的这种楼宇作为一种协调的形制传播开来，通常有 3~4 层，建于窄而长的地块之上，通过布局和不同楼层区分居住空间和功能空间，带用人房，楼后有花园。临街的立面是连排小楼唯一有不同的地方。新艺术喜用装饰，立面有区别也是为了显出这类建筑的不凡和设计者的创意。其构图基于某些结构元素，以及内部的体量分布。有些装饰手段很常用，如表面的处理，窗及檐口的变形。底座和栏杆样式各异，以不对称和色彩丰富为特点。许多建筑只在外观上有装饰，内部很传统。私人空间逐渐变成社交场所，考虑内部布局时也要留出房间给住房的新功能，比如会客室、私密间、门厅、卫生间、与日常房间同层的厨房。

田园城市，新布局模式

19 世纪末，住房短缺，工人居住环境恶化。有人提出在教区建自主产权的屋舍，有人认为要在城中心进行投资，两派争执不下。在英国，从 19 世纪中叶起，很多工厂就已经搬出了城市，并在厂区附近为工人建了成片的完善住宅区，解决了这一问题。要有一种城市形态，能将居住区与风景有效地结合起来，这一理念逐渐导致了田园城市的产生，住房分布在绿地周边，有高水准的配套服务。《明天，通向真正改革的和平途径》(1898 年)，1902 年再版名为《明日之田园城市》，在这本书中，埃比尼泽・霍华德（1850—1928 年）提出了前所未见的理论，即用卫星城进行城市扩张，用以解决永恒的城乡差别问题。田园城市的理念是 19 世纪在居住问题上的最后一种美好设想，同时也是第一批土地规划模式之一。霍华德的"田园城市"应该成为吸引人来办厂、居住的"第三块磁石"，此前要么是城市，要么是乡村。城市是缺乏人性的社会冲突之地，乡村是偏远贫穷的同义词。霍华德提出一种尺度符合人性的社区，城区最多可有 32000 位居民，外围农业区可有 2000 位多居民。田园城市之间可有机相连，田园城市与中心城区之间可以铁路相连。不管是地区还是全国都可采用此土地规划。房屋的形制和立面可

上图

埃克托尔・吉马尔，雅塞德公馆，1905年，巴黎，法国

吉马尔的设计以原创的方式体现出"外形表达功能"这一原则。其设计凸显材质的本色，采用砖块和石材，不规则的砂岩块，都展现在资产阶级宅邸的立面上。内部的各空间连成一串，避免浪费面积，房间宽敞明亮。立面上的开窗也显示出对空间的组织注重功能。阳台和弓形窗间或排列，铸铁栏杆装饰多样，窗户不对称且高度各异，有侧面楼梯和带公开空间的独立入口，不管从美观的角度还是功能的角度，这些都为巴黎的景观带来建筑上的新意。

左图

朱利奥·乌利塞·阿拉塔，贝里-梅雷加利之家，1911—1914年，米兰，意大利

自由风格在意大利最突出的建筑，便是城市中的宅邸。在米兰这样的大都会，因为工业发展最迅速，不远的周边形成了整片的区域，都按照最新的口味来设计。工厂为数众多，城市也扩张开来。于是，私人宅邸展现出技术和建筑方面的新办法，因为水泥、铁和玻璃的使用而成为可能，并且迎合当时流行的风格形式。就连资产阶级的住宅也满是装饰元素，通过形态和细节表现出风格中的新东西。巧妙运用石材和处理过的水泥，为房子配上马赛克、瓷器、兽首等。

右图

维克多·霍尔塔，索尔韦公馆，1894—1900年，布鲁塞尔，比利时

15米的立面反映出主楼层带阳台的大厅有多么宽大。正面弯折处有两间小房，由侧边的两个弓形窗采光。会客厅由落地大玻璃窗采光，而内部的墙面和玻璃门则能极好地接受楼梯井照来的自然光。霍尔塔非常关注建筑的功能性，要求宜居，所以在配备上力求完美，立面上开通风口以加强室内通风，并根据特定的房间制作合适的取暖器。

有变化，只要符合市政当局对街道的规定即可。1899年，霍华德成立了田园城市协会，1903年揭幕了第一座花园城，莱奇沃思，距伦敦约60千米，按建筑师雷蒙德·昂温和巴里·帕克的设计建造而成，将霍华德的理论付诸实践。很快，社会中层、知识分子，小工厂、手工作坊都搬来此地，超凡的设计让众多人口迅速聚集到新城区，来追求一个没有阶级冲突的社会，以优秀手工业推动经济，效仿中世纪的社会模式。昂温和帕克更想发展自己的建筑研究，而不是追随霍华德的模式。于是他们没有建造商场长廊，而是在住宅区内部道路上种植特别的树木。保留传统价值、追求和谐的意愿与城市化的要求相关，让田园城市这种形制在经历了最初的实验之后，成为真正的布局范本。1919年，霍华德和路易·德·苏瓦松对韦林市的设计，以及几十年之后建造的各个新城就是由此出发。位于郊区的韦林市以生活品质和社会和谐为主旨，田园城市中央有一条林荫大道贯穿，长约1.6千米，即“花园路”。

巴黎和维也纳的地铁站

1900年，埃克托尔·吉马尔受命设计巴黎地铁的地面入口。他没有现成的模式可以参考，之前修建过地铁的城市，如伦敦、布达佩斯、维也纳，都没有按批量生产、控制成本的方式来设计地面入口，巴黎却要求这么做。吉马尔将城市布置中可用的铸铁元件都展示了出来，成为工业标准化的先驱。他采用注模成型的系统，易于组装，很好地节约了生产成本。他的造型语言就这样运用到了铸铁件之上。所有地铁站，从自然中提取的形态与结构完美结合，线条缠绕着以曲线为基础的抽象装饰纹样，绿色枝蔓蔓延交错，形成站牌上方的装饰。由此，地铁站入口为采用标准化元件的设计提供了用武之地，这些元件可批量生产，实现了“艺术为人人”。吉马尔也借此机会在巴黎的城市风貌上留下了“吉马尔风格”的印记，甚至成为巴黎标志性的形象。

在这之前几年，奥托·瓦格纳设计维也纳地铁站时，并没有采用自然纹饰，而是遵从建筑本身的原则，不管是整体还是单独的元素如栏杆、路灯、站牌等，因为他推崇严谨无装饰的建筑。中间的入口是站亭的主导部分，统领旁边的部分，采用简化的新古典主义布局，金属结构与砌筑部分相结合。尺寸绝不过度，功能部分绝不会被建筑掩盖，而是清楚地呈现在构图中。两侧采用方柱形，各种体形在平面图中按功能结合起来。在此有限的形制变化中，瓦格纳在面板和装饰上制造了一系列变形，他与城市环境对话，在其中加入并细化新的社会生活场所。而吉马尔则创造独一无二的东西，是让人叹为观止的强烈标记。

咖啡馆和餐厅

19 世纪末的巴黎，资产阶级气息弥漫，在沙龙、会客、看歌剧之间，诞生了一种矫揉造作、歌舞升平的气氛，正符合当时的新风尚。人们跳着康康

下图

雷蒙德·昂温，巴里·帕克，汉普斯特德花园郊区俯瞰图，1905年，伦敦，英国

汉普斯特德郊区的布局以田园城市的基本原则为基础，居住舒适，远离城市，建筑质量高，模仿乡村。

舞，喝着苦艾酒，在“美好年代”的精神引领下，高雅地欢聚一堂。第一批咖啡馆和餐厅就此出现了，相聚咖啡馆的传统变成了全欧洲艺术家和知识分子的习惯。这种风气也影响到了资产阶级，他们正过着最美好的岁月，去到最风行的聚会场所，丝毫不掩饰自己的自由主义倾向，夸耀着现代。繁荣进步的思想是讨论中的主旋律，讨论的问题涉及艺术、政治、科技等诸多方面。每一家咖啡馆都有特定的客户群，特别的氛围。去咖啡馆已成为人们日常生活的仪轨。文学咖啡馆中聚集起来一些小圈子，他们的一举一动通常都有杂志和宣传小册子关注着。咖啡馆的内部结构通常赋予其空间一些特点，摆设和照明经过仔细考量，以代表来的都是什么人。地点不同，以新风气所做的装饰也各有偏重。越来越多的顾客愿意在好季节去到巴黎郊外的露天聚会，于是这些地方也逐渐以外露的铁架结构、内部走廊为特征，变成了音乐厅。而麦金托什的茶馆则是以全新模式设计的空间，激发着这位苏格兰建筑师，只要有涉及布置的地方，都是设计出不同特点的机会。麦金托什及其妻子设计了屋里每一处细节，从桌子中央的花瓶到座椅，从灯具到餐具。布鲁塞尔的社会党人爱去的“民众之家”咖啡馆，让人可以在一个明亮、宽敞、通透的环境中，不骄奢地完成每日的奋斗。巴黎的时尚去处和洛斯为 19 世纪末维也纳的资产阶级设计的咖啡馆一样，都完全是私人沙龙的样子。巴塞罗那的咖啡馆则更亲切，更贴近大众，这才是真正的文化圈。

下图

埃克托尔·吉马尔，王妃门地铁站入口，1900年，巴黎，法国

吉马尔设计过两种地铁站入口。第一种如小亭子形状，四角各有一支柱，以玻璃顶覆盖，入口上方有雨棚，这种现已无存。第二种就如下图所示，雨棚向入口倾斜，以收集雨水。王妃门这一站的入口是仅存的一例。阿贝斯广场那一站的入口原在市政厅广场，它与第一种不同，是因为它没有釉彩板装饰的墙。

上图

奥托·瓦格纳，卡尔广场地铁站，1898年，维也纳，奥地利

贴金铁构架支撑着墙面的白色大理石板，这些大理石板并无承重作用。就算采用了几何对称的形式，结构也轻盈通透。雨棚上，纯净的大理石盖板上，都有金色的装饰。今天，卡尔广场的站亭一个被用作展览厅，另一个被用作咖啡馆，是大型商场的一部分，里面有商铺和餐馆。商场可通往地铁1号线、2号线和4号线的站点。美泉宫旁，有皇室专用的地铁入口，称为“宫廷站”，其形式却是巴洛克式的，中央有穹顶，开椭圆形的天窗。

4CATS

108页上图

如塞普·普什·伊·卡达法尔施，四猫小酒馆，1896年，巴塞罗那，西班牙

这间小酒馆在一座新哥特式建筑的内部，从陶瓷装饰、花卉和几何图案、石头及铸铁制的物件可以看出，设计者想把它做成加泰罗尼亚一处贴近大众的处所。在19世纪末的巴塞罗那，这是众人相聚之处。从1897年起，包括毕加索和于特里约在内的艺术家、建筑师、画家就喜欢来此饮酒畅谈，交换意见，表达自己的艺术观点。这是新艺术中波希米亚的一面。

108页下图

奥托·瓦格纳，瓦格纳第一别墅的工作坊，彩色玻璃为阿道夫·伯姆所作，1886年，维也纳，奥地利

左图

阿道夫·洛斯，美国酒吧，1908年，维也纳，奥地利

这是一件非常精致的作品。其氛围好像资产阶级的沙龙，有深刻的社会、文化印记。内部是一个长方形的小房间，吧台几乎占据了1/3的面积，有两个U形的卡座。镜子和光亮的桃木墙面交错，房间似乎被无穷复制下去。灯光透过丝绸灯罩，映在大理石凹格天花板和地面上。洛斯是20世纪原始理性主义建筑的先锋之一，他内化并丰富咖啡馆建筑：平白去雕饰，将空间做成规则几何形。但内部的细部精致考究，所用材料十分珍贵，让这酒吧变成私密、明亮的处所，符合新艺术的口味。

新艺术的特点及传播

新艺术的诞生，是为了反对复古建筑，直面新的工业时代（现代主义的定义也由此而来）。它起源于多个运动，但发展出自己的语汇，从自然界的形态转向抽象几何形状和线条，有很强的象征意味和丰富的表达。在它看来，自然就该是原本的样子，不可演绎，所以它摆脱了僵化的构图规则，找到了新的表达模式。新艺术风格建筑设计的基础是，每一个建筑元素都以形态的基本线条为主，各地又各有偏重。在法国和比利时，新艺术偏重装饰，不管何种地点，总有不变的特征，从自然中汲取灵感，采用花草和百兽的造型，花纹繁复多彩，线条曲折蜿蜒，多用螺旋形的东西，不顾比例和均衡，追求宛转动感、高低起伏，这一切都意在给人高雅、轻盈、乐观的感觉。因为使用了新材料，可以做出各种花卉、茎秆、枝条、藤蔓、皱褶、波浪的样子，线条柔软蜷曲，力图表现自然的造物过程，正符合“线条即力量”的观点，来自亨利·范德费尔德的著名说法：“线条从绘制者的能量中获得力量。”亨利·范德费尔德是比利时人，设计过各方面的东西，在工业化大生产面前，坚决捍卫手工制作。他设计过家具、物件，也设计过建筑和精致的室内装潢，线条伸展到每个角落。从建筑结构到物件，他都做过设计，甚至包括放西红柿的绿色盘子和于克勒公馆中范德费尔德夫人的衣服。

111页图
埃克托尔·吉马尔，罗浮宫地铁站入口细节，1900年，巴黎，法国

从自然中汲取灵感

1851 年伦敦举办世博会之际，约翰·拉斯金（1819—1900 年）就曾倡议艺术家和知识分子在所有造型领域内回归自然。1875 年起，阿图尔·莱森比·利伯蒂将东方格调花卉装饰为特色的新产品投放市场。19 世纪末，艺术文化想把之前各种建筑流派都归入“主义”的框框，很快就发生危机。复古已不够，所有造型领域越来越迫切需要一场革新、一种新的语言，能将艺术创造和技术发明结合起来的语言。新艺术的艺术家们反对复古主义，他们要表现当下和未来的现实，一种正在形成的现实。这种思想的基础是青春活力、锐意创新，这也是将艺术视为主动创造的新概念的出发点。在这种艺术体验中，直接效法自然，可体现客观实在，不是规则的几何形状，却充满生命力和动感。结果，在装饰艺术和建筑中，模仿自然界动植物的形态以及用缠绕蜷曲的设计，成为基本要素。简单的形态似乎有了生命，像花草一般自然生长。新艺术与自然主义的立场不同。自然主义认为艺术作品应忠实地表现自然，新艺术的美学和装饰则体现于自由、幻想的形式，展现出自然的生机与活力。用现代技术可将材料做成富有表现力的形状，以致新

左图

维克多·霍尔塔，霍尔塔工作室及公馆细节，1898—1900年，布鲁塞尔，比利时

霍尔塔在美国街为自己建了一所集工作室和住宅于一身的房子，内部楼梯是用杆子钩住的。霍尔塔发明了这种植物形状的金属细柱，从屋顶天窗而下，起支撑作用。

下图

埃克托尔·吉马尔，贝朗热公馆的门厅，1894—1898年，巴黎，法国

吉马尔遵从风格要和谐、连续的原则，设计出统一的内部。墙壁、地面、天花板、结构部件、门框和玻璃上，都是抽象、不定形的形状。在贝朗热公馆的门厅，藤蔓枝干的动态线条顺着小块马赛克铺成的地面延伸，伸向房间入口的两个小楼梯。两侧墙上，线条变成了结构单元，框住砂岩板，看似火山爆发的岩浆所形成。铁制边框一直上升到天花板，以“抽鞭”的形态结束，这是从霍尔塔那里学来的。自然启发了这些设计，动感的形态模仿植物的开枝散叶。

式线条迅速成为一种国际风格，在哪里都能被认出。从室内设计到家具生产，从书画刻印到金属加工，从玻璃到陶瓷，从布面图案到图书插画，花卉、矿物、百兽的纹样都深受人们喜爱。不同国家对植物茎叶花式的造型各有偏重。法国和比利时好用曲线，模仿植物蜷曲动感的形态，亨利·范德费尔德称之为“抽鞭”，有时还加上从神话中提取来的，或是抽象出来的幻想元素；比利时建筑师维克多·霍尔塔是木匠的儿子，他以超凡的造型方式将铁和木头塑造成流畅、动感、起伏的样子，装饰丰富，各种材料相得益彰，统一在总体设计之下；德国的“青年风格”也重视弯曲的线条，尤其在雕塑中；意大利的“花卉风格”则效仿自然的各个方面，让作品具有生命力，其纤柔的线条一望便知；而维也纳分离派面对新艺术过于繁复的线条，则推崇几何抽象的形状，其灵感得自查尔斯·伦尼·麦金托什的英式图形主义。

上图

奥托·瓦格纳，维也纳河左畔大道38号的一座雕塑，1898年，维也纳，奥地利

房顶上置有4尊半身像，是《呐喊的雕像》，雕塑家奥特玛·西姆科维茨的作品。这些雕像让人想起维也纳分离派的座右铭“神圣春天”。它们是在向官方艺术宣战，邀人迎接新风格，也暗合古罗马的“会说话的雕像”，那是以强大的幽默感反对统治阶级的傲慢和腐败。

艺术的连续

欧洲各国的新艺术虽然有所不同，但设计上的统一却是共同的着力点。在建筑中，内部要承接外部，所有部分要归于单一且有机的装饰设计中，每个摆设布置的元素也都要符合建筑的设计。不去区分绘画、雕塑、建筑等各种艺术形式孰优孰劣，才能将它们都结合起来。实际上，新艺术诞生之初本是一种装饰艺术风格，之后才延伸到建筑。这之间的过渡非常迅速，主要以维克多·霍尔塔为代表，让人们能用同一语言塑造一座建筑的各个方面，从表面到结构，从家具到挂毯和壁画，从灯具到家具，从浮雕到圆雕。建筑师、艺术家和手工匠人之间紧密而连续的合作，以及同心一致的精神，表现出现代主义最深刻的价值，要造出风格和谐一致的建筑。于是，在维也纳分离派领军人物所创造的建筑中，会有古斯塔夫·克利姆特的绘画（他既是象征主义画家，也是新艺术画家。他的画作虽然只用二维的构图和看似静态的画面，却通过自然的变化表现出生命的轮回）、科洛曼·莫泽的马赛克拼贴和玻璃窗，还有奥特玛·西姆科维茨的雕塑。“维也纳工作坊”的建筑师和艺术家之间形成一种完美的协作。在意大利的自由风格中，朱塞佩·索马鲁加的建筑也与亚历山德罗·马祖科泰利的锻铁作品很好地结合起来。而西西里强大的手工业传统则让埃内斯托·巴西莱的想法能以石木呈现出来。

面的处理

新艺术不认为建筑中的某一部分会比另一部分高级，所有构件都一样重要，有一样的表达力。于是，结构和装饰之间的关系被重新探讨，两者被认为同样重要，打破了装饰服从结构的传统。大家认为表面也很有价值，因为这是有机体的表现。线条成为定义形状的方法，勾勒出其轮廓，而水泥、陶瓷、玻璃、锻铁新材料，使得平面图设计更灵活，各类产

品可混用于一个整体中。以线条造型的大本营有两个，一个喜用凹凸曲线，起源于法国、比利时地区，表现于意大利和西班牙；另一个则偏向规则几何形式，诞生于麦金托什的苏格兰，流行于德语地区，那里的形式语言趋向简化，且越来越极端。由于这些不同形态，以及线条的不同功能，表面有时被当作无限空间来处理，有时又被当作有限空间来处理。有时有标记，有时又没有，轮廓有时是水平的，有时又是垂直的。所用材料有时是复合且有表现力的，有时又是平滑而单一的。整体完全不对称，但正由于几何上的倾斜，反而更加平衡。在两种表面处理方法中，装饰都是整体的一部分，以浮雕、二维饰物或马赛克饰带给表面带来特色。不管是规则几何形式，还是花草形式，线条创造出连续的不对称，强调空间和表面的流动和连续。在高迪的现代主义中，动态线条被发挥到极致，形成可塑、紧实、有机的形体，以膜式表面塑造出来，如同一层皮肤，包裹住建筑。许多时候，表面并不施以装饰，只是以各种玻璃取代，里面加入反光的陶瓷，有强烈的色彩效果。实证主义的哲学思潮对新艺术的革新有很大影响。它启动了许多科学研究，人类因这些研究认为自己可以凌驾于自然之上。于是，新艺术表现出一种要求，任何一种具有自由、动态、幻

左上图

朱尔·拉维罗特，陶瓷酒店，1904年，巴黎，法国

此建筑为朱尔·拉维罗特（1864—1924年）设计，其立面装饰异常丰富，使用了水泥、石材和陶瓷，浮雕突出，色彩强烈。陶瓷酒店建于1904年，是拉维罗特与制瓷家亚历山大·比戈和雕塑家卡米耶·阿拉菲利普通力合作的成果。这两位经常与拉维罗特合作。酒店采用钢筋混凝土结构，并且第一次用装饰瓷砖覆盖了全部墙面。主立面上有许多凸起，屋檐饰以浮雕，植物纹饰从底层开始向上延伸，围绕住窗户和阳台。动植物纹饰非常逼真，每一层的装饰各有特点。

象形式的艺术表达都应被归类成美，生气与活力自由释放，不受任何教条约束。

线条的简化

曲线的使用是新艺术最突出、最好识别的特点，英德地区却同时有一种更为收敛的趋势，在 20 世纪最初 10 年中逐渐加强，以致让新艺术运动出现危机，它也是现代建筑的先兆。

麦金托什发展出一种装饰和建筑体系，偏重规则几何形式。这是一种以抽象进行简化的方法，将各种形状拆解得越来越彻底，以得出一种清晰、不会混淆的标志物（即被选中一再重复的图案）。麦金托什及格拉斯哥学派最著名的标志物之一，便是风格化之后像旋涡一样的玫瑰，在陈设、细部、装

114页右图

约瑟夫·玛丽亚·奥尔布里希，恩斯特·路德维希公馆大门细节，1899—1900年，达姆施塔特，德国

奥尔布里希和维也纳分离派的艺术家都将平面简化成二维的、几何的，以此来组织墙面。建筑、绘画和装饰都保持一致，装饰细节如同简短的笔触，形成马赛克一样的拼贴，帮助解读建筑。恩斯特·路德维希公馆大门的背景面是一个低矮的拱形面，饰以石膏粉饰，形成沙子颜色的一簇簇树叶，果实被简化成圆形，树叶被简化成三角形，金白相间。

左图

约瑟夫·霍夫曼，斯托克莱宅邸立面细节，1905—1914年，布鲁塞尔，比利时

在分离派地区，装饰渐渐被取消了，线条逐渐简化。从斯托克莱宅邸的墙面就可以看出这一过程，材料表面光滑，质地相同，边沿用成型青铜筋做框，装饰十分低调。墙面所用材料是白色大理石板，在立面上规则铺开，完美对称，没有任何动感的效果，只是建筑形体构图不对称，造成一些动态。

饰中多次出现，表面总是被压平成二维，就算在带有浮雕的装饰图案中也是如此。

麦金托什设计的某些家具中，形状也被压扁和延长，比如那些著名的规则几何形黑漆座椅，包括梯背椅、枕形椅和菱头椅。日式装饰对此有非常重大的影响，它都是二维的，简化的，只突出本质，轮廓线条明显，形状简单。特别的是，图形化风格也是从日本版画而来，线条的使用极为讲究，装饰性强，最重要的是构图和空间的构成，在所有造型艺术中都留下了深刻的痕迹。

建筑与设计

通过简单的线条，“整体艺术品”的概念消除了某一种艺术比另一种高级的想法，甚至和那些被视为“手工艺”的相比，也无高下之分。艺术进入家庭，成为日用之物。作品的线条简单优雅，不仅要实用，还要讲究艺术和美感的想法，第一次成为所有人生活的一部分。所有的物品，哪怕最平凡普通的，都变成了艺术品，放在亲切熟悉的家里，而家也成了某种艺术展示廊。出现了许多的专业院校和杂志，还有世博会，艺术创造和工作室经验的结合，这些已经为众人所知。

1859年奥地利人米夏埃尔·托内特发明的加热弯曲木头工艺，就是手工工坊研制出的，后又为工业所用。其子把这种工艺投入工业化大生产，公

左图

欧仁·瓦兰，餐厅，1903年，南锡，法国

在实用艺术领域，南锡学派让内部装饰与建筑设计的线条契合。家具陈设表现出空间和表面都以弯曲为主的特点。

上图

约瑟夫·凡塔，火车站，1901—1909年，布拉格，捷克

司用了霍夫曼、瓦格纳、洛斯等人做设计师。通过时尚和艺术杂志，广告和世博会，这类物品的形象广为传播。

工业技术和新材料为生产提供了无限可能，任何一种物品都可用机器造出，让人感觉摆脱了折中主义的因循守旧，因为折中主义只会从历史中拿来再用，却没有产生新的艺术。设计变得无处不在，从城市规划到家具上的小摆设，直至工业设计。将艺术带给每个人、日常生活每一面，都要美的理想，设计将艺术和工业联系起来，不可分离，以创造简单好用的物品，有想法但同时也精致。这一理念瞄准的是设计现代化、建筑现代化。

贝伦斯、格罗皮乌斯和包豪斯的建筑师就以此作为其理论的出发点。

比利时

新艺术运动同时影响到欧洲好几个国家，牵涉所有造型艺术，各国各有不同叫法。就算不能说全部的新艺术都诞生于布鲁塞尔，但新艺术风格的建筑确实发端于此。在利奥波德二世治下，比利时经历了一个建筑和规划大发展的时期。宫廷御用建筑师阿方斯・巴拉在拉肯（布鲁塞尔附近的皇家住所）就放弃了新文艺复兴风格，转而投身新的探索，将新材料作为激发想法的契机。他迈出走向新艺术的第一步，他的追随者维克多・霍尔塔之后和亨利・范德费尔德（1863—1957 年）、保罗・昂卡尔一起将新艺术发扬光大。亨利・范德费尔德是建筑师、雕塑家、画家、设计师，他把设计师的工作和理论家的工作结合了起来。他大力推崇新风格（1907 年发表评论《论新风格》），从“艺术与工艺美术运动”中汲取灵感，反对各种复兴和工业设计的概念，认为动态、不对称的线条是进行真实、一致表达的工具。1895 年，他亲力亲为，负责巴黎“新艺术”商店的布置，高度体现出他的个人风格。他在于克勒的家“花院”（1895—1896 年）极好地体现出完整统一的设计理念，这也是范德费尔德最典型的特点。他因为难以找到和室内装潢匹配的家具，就自己设计了每一个物件和每一件家具的形状，使之能与房间相配。这种统一设计在线条中找到“说话”的力量，也表现出设计者是什么样的人，以及物品自身的生命力。

1898 年，范德费尔德开设了一间工作室“艺术及装饰工坊”，制作家具、布料、墙纸和瓷器，意图把实用艺术提升到与美术一样的高度。他所做物品的特征是使用装饰图案表达结构，采用流畅、卷曲的形状。之后他旅居德国，1902 年被任命为魏玛艺术及工艺学院的校长。这所学院进行了许多尝试和研究，表现出艺术家和手工业者之间的紧密关系，最终变成了包豪斯学院。

左图

阿方斯・巴拉，拉肯的皇家温室，1874—1895年，布鲁塞尔，比利时

这些温室建于布鲁塞尔附近的拉肯皇家园林内，代表了第一批印刻着新艺术精神的建筑。这座玻璃宫殿似的建筑由建筑师巴拉为利奥波德二世设计，作为城堡的补充。城堡则是以古典风格建造的。这组建筑群共有 30 多个馆，明亮的穹顶以铁架玻璃制成，饰以花卉纹样，更显轻盈。馆与馆之间有长廊相连。

右图

亨利・范德费尔德，“花院”之家，1895—1896年，于克勒，比利时

范德费尔德按照英式住房的形制，建造了第一个“整体艺术品”，建筑与陈设紧密而不可分割地联系在一起。

维克多·霍尔塔

维克多·霍尔塔（1861—1947 年）是举世公认的新艺术推行者。

他在巴黎完成建筑的学业后，回到比利时，在布鲁塞尔美术学院和阿方斯·巴拉的工作室完成修习，而巴拉此时还在继续建造拉肯的皇家温室。霍尔塔作为建筑师和艺术家，将住宅当作“整体艺术品”来设计，改革了住房的设计方式，将建筑师的任务从内外空间的设计扩展到更广泛的设计，包括灯具、家具、墙面装饰甚至摆设物件的研究和制作。设计要保持统一，不会忽略任何细节，以获得和谐一致的整体效果。他设计的 4 座独户住宅是这一

左图和下图

维克多·霍尔塔，范埃特费尔德公馆的内部和窗户，1895—1898**年，布鲁塞尔，比利时**

霍尔塔将工业建筑中铁的使用转到民用建筑，对形态的要求很高，符合资产阶级的要求。外部的铁制门框和托板，凹凸的部分，线条柔软弯曲的门窗和过梁，表示出主要的房间，是一个大客厅和一个名流出入的餐厅。但其实是在内部，霍尔塔才达到了自由宏大的空间。有多色大理石，桃木的天花和墙壁，以及八角形的楼梯。

革命性理念的极好体现，分别是塔塞尔公馆（1892—1893 年）、索尔韦公馆（1894—1900 年），范埃特费尔德公馆（1895—1898 年）和霍尔塔住所工作室（1898 年），都建于布鲁塞尔。这些住宅用铁、铸铁和钢材作结构、构图和装饰之用，这些材料之前都只用于工业建筑。霍尔塔的线条和形状效法自然，结构表现出力量的分配，内外相映衬。这是新艺术的基础理念。建筑采用混合承重结构，有实墙细柱，石拱上楣，立面开很大的玻璃窗，有敞廊和阳台。布鲁塞尔的“民众之家”（1896—1899 年）被看作他的代表作。这座建筑已于 1964 年拆除。按 19 世纪末的社会主义改革精神，它应有三大功能：政治、工会的功能，商业的功能和休闲的功能。晚年时，霍尔塔开始与自己的创新作品对立起来。从构图的角度说，他回归了更传统的立场。

左图

维克多·霍尔塔，塔塞尔公馆，1892—1893年，布鲁塞尔，比利时

此建筑的地块面积有限，又窄又长，而且按规定不得超高，只能分成4层，但这并不妨碍它因为正面那自由的表现形式而闻名于世。

平面的对称布局反映在立面上，中央的巨大半圆弓形窗从二层直上顶层，房间不同，照明的要求不同，窗户形态也不同。两侧用赭红和蓝色的石材，开细长的窗，以曲线与中央部分相连。

右图

维克多·霍尔塔，塔塞尔公馆的门厅，1893年，布鲁塞尔，比利时

杰出作品

布鲁塞尔的“民众之家”

霍尔塔的“民众之家”表现出 19 世纪末的社会主义改革精神。因是应社会主义合作社的强烈要求而作，其建设遵从“人民建筑”的功能和象征要求。由此，新艺术风格变成了社会呼声的载体。

虽然几十年前已被拆除，但它被设计来容纳比利时社会党的管理办公室和会议室，有政治、休闲、商业三大功能，带有政党和工会组成的消费合作社。霍尔塔受到了工程建筑的影响，那几年这种建筑正兴，温室、商场、展览馆等都以此形式建造。实际上，在“民众之家”中我们可以看到两种不同的理念，一种是意在长久使用的建筑，还有一种是如埃菲尔铁塔那样的只打算使用一时的建筑。布局中底层是餐馆兼咖啡厅，还有错层式商场，有独立入口；二楼是商铺，窗户临街；三楼是办公室和辅助区域。外观上的金属线条已标示出内部房间的区分，外部的招牌也显示出建筑内有什么，开窗也有所不同。

上图

维克多·霍尔塔，民众之家，1896—1899年，布鲁塞尔，比利时

建筑的立面非常有动感，横竖都有一系列如波浪般动势的元素，特点在于弓形窗和不对称。

左图

维克多·霍尔塔，“民众之家”的大会堂，1896—1899年，布鲁塞尔，比利时

在建筑的 5~6 层有一个大会堂，共有 1500 个座位，屋顶上的网状梁暴露在外，两侧开玻璃窗，还有桁架斜撑着屋顶。各种建筑元素更为明显，每一种都有明确的作用，共同构成了一种环境：“空气和阳光即是穷人的奢侈”。

保罗·昂卡尔

传统上认为新艺术诞生于1893年，即维克多·霍尔塔的塔塞尔公馆建成那年，也是保罗·昂卡尔（1859—1901年）在德法克茨街的住所建成的年份。不到20年，布鲁塞尔建成了1500多处建筑，可辨别出两种趋势：一种以霍尔塔为参照，多用花卉纹样；另一种以昂卡尔为首，采用规则几何的图案。后者启发了“装饰风艺术”的建筑师和原始理性派。

保罗·昂卡尔是一名建筑师和设计师。他原来学的是雕塑，刚开始做的是家具设计，将木工和锻铁的技术练得日益精细。与霍尔塔不同，他要以不同的处理方式将每一元素都暴露出来，将装饰限制为最基本的，以规则几何形状为主。与朴素节制的立面装饰相对的是内部简单的空间组织，家具都是他亲自设计的，有抽象自然主义的印记。虽然他仅用很少的装饰就能取得很强的效果，但这也并不妨碍他用不同的装饰、雕塑手段将每一个建筑元素都显露出来。1896年，他提出“艺术家之城”的计划，设计了住宅和工作室。虽然这个计划未能实现，但5年后的达姆施塔特艺术家聚居地正是受到它的启发。昂卡尔建过茶室、商铺、私宅等，今日留存不多，但他对同时代及现代艺术家的影响颇深。他的语汇中有比利时新艺术建筑中常见的大“眼”，一种圆形的规则几何元素，用在自由或对称的构图中，以显壮观。还有现代主义手法的砖墙。

左图

保罗·昂卡尔，昂卡尔公馆，1893年，布鲁塞尔，比利时

除了艺术家的天赋，昂卡尔还很有史学家的文化，从砖块的运用、方石和类哥特的窗户便可看出。从折中主义到新艺术的过渡体现在分隔线的加入，使用传统装饰元素，但却不互相捆绑，形成不对称的构图，如入口上方突出的中世纪式的大弓形窗、小悬拱、不受任何构图规则约束的大托架。内部布局按独户住房设计，但也有一些新元素，如挑高的层高、天顶间接采光。这个“宣言式房屋”中，作者想把每种创新都凸显出来，每个元素都精心设计，通过材料区分开，并与其他元素相合，形成一种象征性的叙述，没有任何的文化参照。

右图

保罗·昂卡尔，钱贝尔拉尼公馆，1897年，布鲁塞尔，比利时

这座建筑是为画家艾伯特·钱贝尔拉尼设计的，作为住宅兼工作室之用。其立面分隔明显，构图清晰。上半部分以水平线为主，下半部分开门窗，以竖直线为主，两者形成对比。每一种材料的选用都体现出它的首要功能。地基之上用石材，各层窗户起到层间带划分楼层的作用，栅栏和栏杆是铁制的，而砖块则作为装饰的基础。墙上那瑰丽的“涂鸦”，风格介于现代主义和象征主义之间，采用寓意、阴柔的形态，以花卉纹样为底为框，是房屋主人亲自所作。昂卡尔也以此设计了内部和家具，以大窗采光。也因为开了大窗，光线能极好地透入画家的工作室。

走向新艺术的法国

工业化而追求进步的法国，是“美好年代”的摇篮。在这里，艺术运动和社会主义的诉求用完全自创的、自然而充满力量的推动，让新艺术诞生。文学界沉浸于世纪末的颓唐，以“吹一口生命之气给自然”的概念，希望远离对既成模式的模仿，靠近自然形态的美丽和单纯。

因为对自然风光的喜爱，对自然科学的兴趣也随之渐长。新艺术正从此着手研究形态和装饰。从这个意义上说，日本艺术的影响是巨大的。1890年，塞缪尔·宾在巴黎美术学院展出了725幅日本画和428本带插图的书，吸引了全欧洲的艺术家。日本艺术变成整整一代艺术家的“主导动机”，不仅被看作大方向，更是诗性灵感的来源。从日本汲取灵感，并影响了法国建筑、艺术文化的画家和艺术家有很多，从凡·高的绘画，到亨利·德·图卢兹–洛特雷克的石版画，再到保罗·塞尚的风景画，都在此列。在此文化氛围中（通常以法文Art Nouveau来称呼新艺术也不是偶然），新艺术以实用艺术和图形艺术的成果表现在建筑领域。在巴黎的英国商人宾为新艺术运动的发展做出了贡献。这一运动正得名自他在1896年开设的名为“新艺术”的商店。通过宾的工作室，这种风格得以传播。商店里集中了所有国际上最重大艺术家的作品，包括比尔兹利、蒂芙尼、加莱、拉利克等。

通过博览会，法国向世界展示自己。吉马尔和南锡学派的家具在展览会上大获成功。南锡学派是实用艺术方面最著名的一派。法国实用艺术中随处可见的花草纹样也进入了建筑。

上图

朱尔·艾梅·拉维罗特，拉普大街公寓的大门，1900—1901年，巴黎，法国

拉维罗特设计了拉普大街29号这座公寓的立面，还因此于1901年赢得了“巴黎市房屋立面大赛”。立面使用了石材和陶瓷等多种材料，体现出细腻的装饰效果。陶瓷是亚历山大·比格的作品。立面装饰的繁杂让人想起法国巴洛克城堡，也是一样让人眼花缭乱。但这气派的大门在当时却引得非议纷纷。门上的女人头传说是其妻子的头像，还有亚当和夏娃赤身裸体被逐出伊甸园的样子。木雕和铁艺被做成生机勃勃、性意味浓厚的样子，让建筑充满象征意义。

左图

埃克托尔·吉马尔，科约公馆外观细节，1897年，里尔，法国

这座住宅兼商铺属于一家陶瓷企业的老板，是第一批以一种语言做整栋建筑的作品之一。

埃克托尔·吉马尔

埃克托尔·吉马尔（1867—1942年）一直致力于在新艺术的结构、装饰原则中找出自己的建筑语言。他在参观过布鲁塞尔的塔塞尔公馆后，变成霍尔塔花卉风格的拥趸，更成为其独特的代言人，尤其是在铁艺设计方面。他在作品中经常使用从霍尔塔那里学来的“抽鞭”的图案。他的语言逐渐成熟，超越了单纯的装饰，涉及建筑的整体，在材料使用方面很有创见。

他熟练运用一系列的造型元素，有表现力也很有效地发展出自己的风格，有一种在自由而充满生机的建筑中用最基本的装饰让人叹为观止的强大力量。埃克托尔·吉马尔的作品显现出一种新的语言。他原创的这种风格被称为“花草活体派”，因他常用自然界植物形状，去塑造从木制到石制的每一个表面。这位巴黎的建筑师曾说过:“自然是曾有过的最伟大的建筑师。”

吉马尔的作品，不管是建筑、室内装潢还是家具摆设，都是有机的活体，体现出新艺术精神的形象。他原创的贡献体现在丰富多彩的装饰，覆盖整个建筑的材料，还有线条对表面的配合，不管这表面是玻璃、岩板、瓷片、铁艺、石墙还是木制家具。1898年后，他的作品在风格上已臻一致，摆脱了比利时的影响。

下图

埃克托尔·吉马尔，贝朗热公馆立面细节，1894—1898年，巴黎，法国

入口处锻铁和铜制成的大门已成为此建筑的标志。铁制件被设计成植物的样子，如同茎秆和绽开的花朵，是对自然的模仿，但不是照抄，而是表现出了自然的生机。使用铁和石材作为材料，保证了装饰性和功能性。两者被巧妙和谐地结合起来，使结构更轻盈。锻铁延展性好，可制作出类似自然形态的装饰，不对称，卷曲而有活力。大门两边的石制支柱上也做了装饰，它们平衡了关系，掌控住繁茂的线条。

左图

埃克托尔·吉马尔，贝朗热公馆设计图，1894—1898年，巴黎，法国

这座建筑是吉马尔最具代表性的作品。他在此将内外风格统一而承续的理念发挥得极致。这座建筑有30多间公寓，立面不对称而凹凸有致，窗和阳台交错。在效仿哥特式的形体上，有活体一般的“抽鞭”式线条。装饰突出了各个不同的元素，从大门的铁艺到窗户的玻璃，从砖块到石材，再到砌筑面和装饰中的陶瓷。吉马尔风格的“植物活体”不在于用了多少种材料，而在于对外表的塑造。

1905年间，吉马尔倾力于雅塞德公馆的建造。在一块尖角形的地块上，他自由地构图，激烈的反潮流主义完全显露出来。那时流行的出租房形式是对称立面，规则平面构图，一列列统一的弓形窗，而吉马尔所建的完全不同。

他对“吉马尔风格”的追求在1909年达到巅峰。这一年他建了吉马尔公馆，因为地块面积有限，他只好让外墙不承担任何承重功能，内部布局才能自由些。新艺术的领军人物中，吉马尔是唯一一个没有建立任何学派，也没有弟子的人。这与他50多年建筑生涯的丰产和所用装饰及形式的多样形成了对比。

奥古斯特·佩雷崭露头角

在法国，出于对合理建造方法的兴趣，人们开始实验钢筋混凝土技术。混凝土抗压，而钢铁抗拉伸，两者相结合，用钢筋混凝土便可做出高耸、巨大的建筑，还可添加凸出的部分，做出各种覆盖层。自1879年起，弗朗索瓦·埃内比克就研究了这种新材料的静力学特征，由阿纳托尔·德·博多运用在仿哥特的体系中。新式建筑学以柱、梁、顶的计算为基础，奥古斯特·佩雷（1874—1954年）是其积极推动者，造型设计别具一格。他出身于建筑世家，以维奥莱-勒-杜克为师，既做建筑师，又是企业家，与其弟古斯塔夫一起创办了佩雷兄弟公司。这家公司全面使用钢筋混凝土技术，1902—1914年间盖了一系列的私宅和出租用公寓楼。在这些建筑中，他们有意回归经典，以结构为先，让新材料成为建筑的主角。在富兰克林街25号乙这栋建筑中，钢筋混凝土提升到美学高度，已可自己立足。这是一个走向现代的转变，因为这种材料不仅是从建造角度才使用，而且还有建筑及视觉的角度。钢筋混凝土“可登大雅之堂”，与石材比肩，所以也要对它做各种处理（凿粗糙、锤打），承认它也可有“诗意”，试验它能呈现的各种颜色和光影、颗粒、浮雕的效果。在外观上，钢筋混凝土的表达效果也备受推崇。有些结构部件被覆以瓷砖，上面的图案是新艺术的花草纹样。而对此材料能有何不同表达的探索一直没有中断过。因为采取了新式建造体系，佩雷成为勇敢实验的代言人。透过埃克托尔·古马尔的作品，他从维奥莱-勒-杜克的文化流派中汲取灵感，在巴黎建造新艺术建筑。因为采用框架结构，窗可以开得很大，还可以做出内部承重件极少的房间，开始走向自由大开间。大约20年后，勒·科尔比西耶发展出大开间这种形式。

右上图和右下图

奥古斯特·佩雷，富兰克林街住宅的外观和细部，1903年，巴黎，法国

此地块非常狭窄，又在两堵死墙之间，要建9层高的建筑，又没有空间在内部建庭院，除了从临街面引入光线外没办法直接采光。佩雷于是设计了一个倒“U”字形的建筑，中央部分略凹进，两边是斜向45度的阳台。立面的分割反映出建筑的平面构图，开5个窗，也就有5个光源，看起来也更有动感。

立面上从落地窗到结构元素，横平竖直，一清二楚，有律动感。这是第一座将钢筋混凝土骨架裸露在外的民居，窗户周围和墙面上倒是都有花卉图案的砂岩板。

英国：工业与手工业

工业发展势不可当，整个欧洲，尤其是英国，开始思索工业和手工业之间的关系对经济、美学和社会的影响，以及生产的巨大扩张给人类社会带来的改变。

新艺术运动也植根于所谓的“工业化手工业”领域。工业帮助了手工业，促进其传播，不管是家具、珠宝还是陶器、布料，每一个物件都成为现代人日常生活中的一个相关要素。以这种方式，艺术家创造一种人人可享的艺术，就是在推动社会进步。这种意图源自约翰·拉斯金的空想社会主义，对集体手工劳动的看重和威廉·莫里斯的“艺术与工艺美术运动”所持的理念。依照创造须自由的原则，与新式的工业化大生产相比，手工制作就是唯一能赋予物品美学价值的艺术。于是，手工制作中的设计成为生产的本质要素，它瞄准的是设计和建筑的现代化。

拉斯金视手工制品为艺术品，希望人们把目光转回过去，那时手工业不受工业大生产规则的限制，可任意发挥创意。莫里斯的“艺术与工艺美术运动”就是对此问题的回答——反对机器和工业，支持和对象直接相关的艺术。苏格兰人查尔斯·伦尼·麦金托什是第一个试图调和工业化生产与手工业的人，采取了一种全新的建筑手法，结构设计决定家具、配饰、布料，包括最小的细节。

下图

查尔斯·伦尼·麦金托什，艺术学院阅览室细节，1896—1899年，格拉斯哥，英国

对整体设计的尝试体现在为格拉斯哥艺术学院而建的这间阅览室中，其特征是规则几何形状和线条造型的木制家具，效仿日式风格，整体简单而优雅。学院外观庄严肃穆，内部则富有独特的表现力，尤其是图书馆阅览室。其空间被各种面分隔，由家具摆设决定，采光统一，根据内部单个形体而加以变化。

图书馆共两层，四墙周围有长廊环绕，由木结构支撑，带栏杆，为空间的节奏加上色彩和日式栅板形状带来的装饰格调。麦金托什和格拉斯哥艺术学院最著名的手法之一，就是将玫瑰变化成旋涡的样子。

麦金托什与现代风格

1896 年，苏格兰人查尔斯·伦尼·麦金托什（1868—1928 年）以格拉斯哥艺术学院的设计开启了现代建筑时代。1891 年在意大利的游历对他的修习十分重要，激发他对建筑的结构特征做装饰，将其变为纹饰图案。

墙、窗、顶丰富了麦金托什的建筑设计。他偏重细节、线条、材料、光线的意义，协调美与功能。苏格兰的建筑形式，从砖瓦农舍到高地城堡，以传统为创作源泉，都是他所作建筑中功能与技术之间互动的精髓。另外，他从简单的建造中提取出对建筑发展十分有意义的贡献。他对形状和建筑装饰的处理，都来自对日本艺术的认识。在麦金托什的作品中，在造型与背景的关系中，在平面构图的要素中，在形状简单、结构严谨的建筑中，都可看出他对日本艺术的了解。从这些源泉出发，他一直在研究不同的表达，从水彩画到刻印，让他通过一步步地抽象，找出自然形态中的可用原型，再转移到建筑中。

在内部装潢中，他摈弃矫揉造作的装饰，好用素净的颜色（黑和白），平整光滑的面（如上过漆的木头），家具和物品的摆设如同舞台的幕布，分隔空间，构成空间的形状。他对形状及风格的关注，表现在传统材料（木、石、砖和水泥）和新材料（钢、钢筋混凝土和水晶）都采用并运用技术上的创新，如电气照明和取暖设备。由此，麦金托什以新事物发展过去，表现出现代感和清晰的意图，将在国际上影响几代建筑师和艺术家。这是从旧世纪走向新世纪一座必需的桥梁。实际上，他逐渐把建筑简化到规则几何形状的做法，更为收敛的模块和更为严谨的结构，很快会成为奥地利分离派建筑师的灵感源泉，并将是德国艺术运动的基础，从穆特修斯的青年风格和贝伦斯的德意志工艺联盟，最终达到包豪斯。

下图

查尔斯·伦尼·麦金托什，山庄，1902—1903年，海伦斯堡，英国

如果说麦金托什参照的原型一方面是苏格兰的城堡，一方面是农舍，他于 1902—1903 年间在离格拉斯哥不远的海伦斯堡为出版商沃尔特·威廉·布莱基设计的住宅则简化了其形式，只留骨架，直到变成纯粹几何形态，由块体组成。这类农庄的形态清晰，但不对称，完全是新的。装饰几乎没有，立面窗户交错，内外设计一致，体现出建筑大师的非凡天赋，极富远见。他远离新艺术的语言，用严谨而风格化的线条来表达，进行功能性的探索，深刻影响了之后几年的现代建筑师。就算组成立面的各形状看起来是经过排布的，平面布局和体量的堆积也显出不对称的要求。房间不是一个个单独设计的，而是作为整个住宅的一部分来设计。每个房间都由一系列的空间组成，如弓形窗、壁龛、壁炉边角、互相连通的凹室。

杰出作品

格拉斯哥艺术学院

上图

查尔斯·伦尼·麦金托什，艺术学院，1896—1899年，格拉斯哥，英国

此建筑用封闭紧实的形体，立面上大玻璃窗一线排开，窗户都是竖条形。图书馆采光用的就是这种连续条状的窗户。其参考的原型正是苏格兰的城堡。

左图

查尔斯·伦尼·麦金托什，艺术学院带灯阅览室，1896—1899年，格拉斯哥，英国

分隔房间的柱子体现出线条元素的重复和美学设计，表达出日式的空间概念。每个要素都是系统的一部分，这个系统统领整个建筑。

此建筑表现出对中世纪苏格兰建筑传统的追溯，由各种形状嵌合而成，有异质的结构要素。房间都是有机的艺术作品，颜色、形状、气氛都由一种明确的、纲领性的方法决定，每一块的结构都具有动态，但又很严谨，表面朴实无华但不对称。麦金托什放弃了一切立面构图规则，哪里需要窗户就放在哪里，根据内部需要决定立面形状。为了方便清洗玻璃，对铁制窗栅栏和托座的装饰处理，是立面上的新艺术元素，卷曲的设计仿佛高度抽象化的藤蔓。

德国与青年风格

普法战争之后的几年中，德国经历了工业大发展，学校和技术工坊密集增加，由各种协会和私营公司支持。建筑师赫尔曼·穆特修斯（1861—1927年）是伦敦德国大使馆的文化专员，他帮助把英国的“艺术与工艺美术运动”传播到了德国。在德国，这一运动因1896年出版于慕尼黑的《青年》杂志而得名“青年风格”。穆特修斯于1904年出版《英国住宅》一书，将格拉斯哥学派的手工制作模式传播开来。1907年，为了将德国的生产导向工业产品的节省和功能性，他创建了德意志工艺联盟。1909年，他和其他建筑师一起，参与了德国第一座田园城市赫勒劳的设计。在位于德累斯顿市内的别墅和园区内，他将德国的建造经验与英式乡村住宅简单纯朴的特点融合，所做的建筑在经济适用、标准化、可大批建造与最小居住空间的关系方面，有了质的飞跃。在此背景下，德意志工坊于1899年成立，以机械设备进行家具的工业化生产。花卉纹样被更加生硬的线条取代，结构更受关注，推崇最基本形状，物品的美观与功能之间达到多样的平衡。在实用艺术方面，赫尔曼·奥布里斯特（1863—1927年）和奥古斯特·恩德尔（1871—1925年）是这一特别的新艺术运动表现的两大理论家。艺术家想要摆脱复古主义和对自然的模仿，把艺术设想成一个单一的宇宙。在这个宇宙中，整体艺术品应该能囊括生活和感官的每一个维度。在这种生活方式中，每一个细部，从空间的结构到所穿的衣服，都应该按风格去做。而装饰是绝对的主角。实际上，这些艺术家最大的贡献，就是在实用艺术和杂志插画中，创造

左图

奥古斯特·恩德尔，埃尔薇拉照相馆，1897—1898年，慕尼黑，德国

这是青年风格的显著体现。在这装饰之下，建筑似乎只为承载浮雕而存在。奥布里斯特作为一名生物学家，要人们“透过显微镜”去观察自然，注意自然形态的和谐与精髓。恩德尔相信，新建筑应该重视装饰表达带来的效果。装饰从立面上显眼的日式龙图案一直到室内。这里所选的装饰主题非常有原创性，又易识别，主要是钟乳石之类。内部房间布局清晰，大小依功能而定，但在此之上的装饰才是空间真正的主角。

了风格图标。他们混合运用新技术带来的多种材料（新合金、玻璃、铁），做出“创新”的形状，新式艺术作品，用基本几何线条取代了主导的花卉风格。

这些艺术家，尤其实用艺术领域的艺术家，在一段时间内呼吸的艺术氛围最终被驱散。青年风格的领军人物，包括彼得·贝伦斯和奥古斯特·恩德尔，离开了慕尼黑，因为少有人请他们做如此先锋的设计。

下图

彼得·贝伦斯，贝伦斯宅邸，1901年，达姆施塔特，德国

1899年，奥尔布里希受路德维希大公之命，监督达姆施塔特艺术家聚居地的设计，贝伦斯也和其他装饰师、雕塑家和画家一起，被邀请来组成艺术家团体。其理念是艺术与生活的完美贴合，指导原则是艺术家在一起生活，打破隔阂，以分享各自领域的艺术经验，为了瓦格纳期望的“整体艺术品”。

维也纳分离派

19 世纪后半叶，维也纳经历了巨大的转变和扩建。环城的“戒指路”建成，路旁是各种风格的宏伟建筑。这种建筑技术和语言的混杂，与当时一群年轻建筑师的口味产生了冲突。他们要寻找新的表达方式，远离各种历史参照。

1890 年，奥托・瓦格纳（1841—1918 年）邀其同行来共同努力，力图创造一种跟得上时代脚步的新风格。他和约瑟夫・玛丽亚・奥尔布里希（1867—1908 年）一起，展现出要给予建筑的新方向。

与此同时，在画家中间也显露出造型艺术的不同含义，尤其是古斯塔夫・克利姆特（1862—1918 年）和埃贡・席勒（1890—1918 年）。他们遭到传统主义者的严厉攻击，传统主义者不接受任何新事物。这事态使得克利姆特及包括奥尔布里希、瓦格纳、霍夫曼和莫泽在内的其他 17 位艺术家，先是宣布脱离维也纳艺术家官方协会，继而又宣布成立分离派，公开与官方艺术机构决裂。向官方艺术宣战之后，分离运动很快便枯竭，不过几年时间，留下的作品非常有积极意义，有些作品有相当的象征及美学价值，创作它们的艺术家也扬名世界。古斯塔夫・克利姆特及他的原创性为现代绘画打下了基础，埃贡・席勒也以其对生命的悲剧看法成为表现主义的第一人。

约瑟夫・玛丽亚・奥尔布里希为现代建筑开辟了道路，其建筑形体紧实而规则。科洛曼・莫泽擅长制作华丽的玻璃窗和挂毯。奥托・瓦格纳和约瑟夫・霍夫曼所建的建筑，正体现出分离派建筑带给新艺术的内容。

下图

古斯塔夫・克利姆特，贝多芬饰带，1902年，分离派展览馆，维也纳，奥地利

这幅宏大的壁画以贝多芬《第九交响曲》为主题，是克利姆特在第十四届分离派艺术展之际所作，代表了他的创作巅峰。这次展览由霍夫曼指导，以纪念贝多芬为主旨。壁画中，克利姆特表现了人类的焦虑和欲望。在最后的画面中，艺术化身为弹着七弦竖琴的女子，终于将人类拯救。

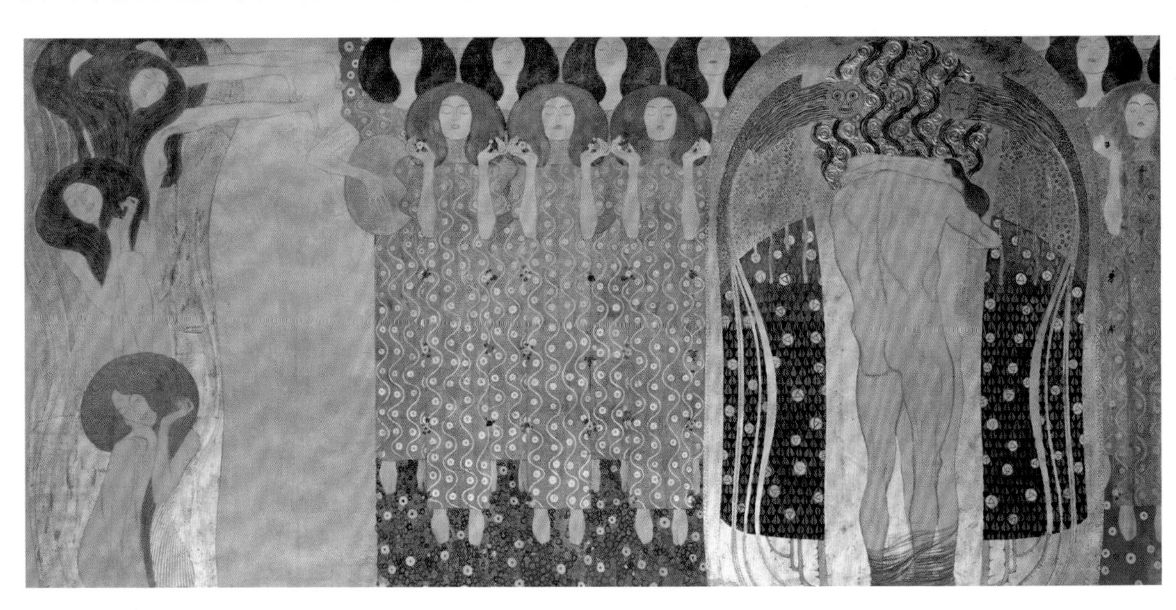

左图

奥托·瓦格纳，马约利卡楼，1898—1899年，维也纳，奥地利

由奥尔布里希设计的生命之树、玫瑰花丛、茂盛枝叶占据了整个立面，也丰富了它。装饰一直到最高层，而此楼高度已需要电梯。面的形状都很简单，但在现代理念之下，覆以多种材料，运用不同的技术，丰富了其含义。立面上窗户排列整齐，与阳台连成的轴线交错，最上面饰以枝叶图案和铁制狮头。花朵的艳红与枝叶的鲜绿形成对比，辅以浅蓝。所用材料功能性好，不惧暴风骤雨，能长期节约维护成本。

瓦格纳设计了马约利卡楼。此楼商住两用，得名于立面上多彩的马约利卡陶片。瓦格纳想设计出整面的图案，好似一席轻柔的帷幔。

约瑟夫·霍夫曼（1870—1956 年）是瓦格纳的弟子。1900 年麦金托什夫妇二人在维也纳办展览时，霍夫曼结识了他们，并吸收了麦金托什的风格，也就是以线条做简单构图，几乎无装饰，采用纯粹、规则的几何形体。1903 年，霍夫曼与科洛曼·莫泽一起成立了维也纳工作坊，生产的家具、珠宝和物件受到莫里斯思想的启发。莫里斯的风格影响了那些年奥地利的建筑和设计。“每个时代都有自己的艺术，每种艺术都有自己的自由”，这句格言写在分离派展览馆的入口处。这栋大楼是分离派艺术家及其语言的标志。

杰出作品

分离派展览馆

维也纳分离派展览馆建于复古维也纳的中心，线条简单却宏大，好似现代艺术的圣殿。其形体紧实规则，以铁制镀金月桂叶制成穹顶，光彩熠熠。宽大的台阶通向入口，正门上方有3个美杜莎头像，分别代表绘画、建筑和雕塑。展馆全新的形状让所有人困惑，它不能归于任何已知的传统风格，使人意识到艺术已有了新的开始。此建筑标志着与当时教育中传统保守主义的决裂，在学院派之外另辟蹊径，新的风格对应着新的时代。

下图

约瑟夫·玛丽亚·奥尔布里希，分离派展览馆，1897—1898年，维也纳，奥地利

此建筑是维也纳叛逆艺术家的宣言式作品。在入口一侧写有“Ver Sacrum”，意为“神圣春天”，标志着艺术的新开始。

杰出作品

约瑟夫·玛丽亚·奥尔布里希在达姆施塔特

1899年，奥尔布里希参与了黑森大公恩斯特·路德维希的计划，在德国小城达姆施塔特附近的玛蒂尔德高地上建一个新艺术风格的艺术村。两年内，奥尔布里希已完成第一个核心区，并于1901年揭幕。1904年又有其他建筑和大展览馆加入。他不仅负责建筑的设计，还要管家具陈设、花园和展览广告的设计。14个月内，他建了6座别墅、1座带住宿的工坊和他在达姆施塔特最进步的设计——恩斯特·路德维希公馆、2座小楼房、1座剧院、"花屋"和地毯艺术馆。一切都由他设计，包括用具、钟表、钥匙、花坛，甚至服务员的服装。

右图

约瑟夫·玛丽亚·奥尔布里希，婚礼塔，1908年，达姆施塔特，德国

艺术村不断有新建筑建成，终于在1908年，也是奥尔布里希去世那年，建起这座高耸的塔，宣告艺术村完成。这座塔叫作"婚礼塔"，因为是路德维希大公第二次结婚时建成。

最上面的五指形非常有特色，砖红色的塔身间以白色和绿色石材，增加了建筑的象征价值。建筑上还饰有抽象几何形状的镀金装饰。

奥托·瓦格纳

奥托·瓦格纳（1841—1918年）的作品，必须放在他成长起来的历史文化背景中来理解。那时维也纳经历了一个发展的阶段，社会变革和技术进步让所有的思想、艺术领域推陈出新，刺激着艺术和建筑进行一场激烈的革新。

他刚开始做建筑时，于1886—1888年间设计了瓦格纳第一别墅，陷于申克尔和森佩尔的维也纳经典传统的窠臼，很明显是从帕拉第奥式得来的。1890年，他是奥匈帝国第一所艺术学院的建筑教师，并受命协调维也纳的改扩建计划。他为新修的地铁设计了几座地铁站，其中突出的是卡尔广场站和皇家御用的“宫廷站”。这两座地铁站以线条造型为主，采用规则几何形体，有花卉风格的装饰，用了铁和玻璃作为材料，内外样式高度一致，体现出建筑师的个人风格，既有新艺术的图案，也有维也纳巴洛克的图案，是一种混合的风格。1895年，在《现代建筑》一书中，他认为风格应与建筑整体相应，适合现代建筑实践。于是，他偏向在纯粹形体和光滑表面上用水平的线条，让其成为内部功能的外部表现。他并非刻意要创造一种新风格，但他的作品都属于现代的范畴。1897年，他在布鲁塞尔结识了范德费尔德和昂卡尔，后者是比利时法语区最爱用规则几何形状的建筑师。自此，他的构图严谨起来，也更偏向直线，这一转变在他的建筑中很明显。他的装饰也变得很收敛，简化为图标形式，用于表面之上，不影响结构的纯粹。在维也纳河左畔大道的出租用住宅中，马约利卡楼因其细腻的自然主义装饰而别具一格。旁边就是科洛曼·莫泽的“金牌之楼”，莫泽爱用的金色装饰在这里占了主导地位。瓦格纳创办了现代第一家建筑事务所，他的弟子和后继者在讲求功能、平白无饰的建筑方面走得更远。建筑的现代主义运动很大程度上正起源于此。

左图

奥托·瓦格纳，瓦格纳第一别墅，1886—1888年，维也纳，奥地利

从许特尔山大街上这两座比邻的别墅，就可看出一个建筑师的风格在一段时期内可以有怎样的变化。第一座别墅仍然能看出学院派的形式，四四方方，十分对称，中央有一敞廊，由4根顶天立地的柱子组成。主体两侧有藤架。唯一向新艺术让步的地方就是用锻铁做了入口台阶的栅栏。

右图

奥托·瓦格纳，瓦格纳第二别墅，1913—1915年，维也纳，奥地利

大约25年之后，瓦格纳开始转向现代建筑。此立方体的建筑以强化混凝土建成，开窗细高而不对称，房顶几乎是平的，以此形成了瓦格纳第二别墅的外形。

左图

奥托·瓦格纳，圣利奥波德教堂，1903—1907年，维也纳，奥地利

此教堂又名斯泰因霍夫教堂，纪念的是圣人利奥波德，为斯泰因霍夫精神病院而设计。这是新艺术风格教堂的独特例子，采用简单无装饰的形体，与分离派展览馆相似。有两个入口，男女病患各用一个。教堂采用希腊十字形平面，上有铜制穹顶，并带有采光亭。虽然体形不大，但最多也能容纳800人。教堂外面用白色大理石板覆盖，以雕球饰固定。所有外墙面上方都有饰带，十字架和桂冠交替。正门上方的塔顶立有两尊青铜像，分别是维也纳的主保圣人圣利奥波德和林茨的主保圣人圣泽韦林，而正门立柱上有4尊青铜天使像，造成一种向上的动势。两角带塔、四方的入口部分和面宽上微凸的方柱体相连。中央穹顶置于鼓座之上。最远端可看到地下室的入口，但在施工过程中做了修改，并没有建成。从门头窗开始，墙面的规则几何分割造成很强的水平效果，装饰仅局限在屋檐下的饰带，也是为了显出竖直要素。设计清晰干净，优雅细致，标志着瓦格纳已放下分离派的装饰形态，走向一种更朴素的风格。

右图

奥托·瓦格纳，圣利奥波德教堂内部，1903—1907年，维也纳，奥地利

从专用长廊看去，整个中舱一览无余，视线一直能达到祭坛，整个空间给人紧实而坚固的感觉。中舱和耳堂相交处，结实的实心砖做成的立柱撑起拱形屋顶，以铁结构为装饰。透过科洛曼·莫泽制作的玻璃窗，明亮的光线照射进来，作为内部采光。

约瑟夫·霍夫曼

约瑟夫·霍夫曼（1870—1956年）生于摩拉维亚的布尔特尼采，位于现捷克共和国境内。他原来学的是建筑技术，曾学过古典建筑方法，并在维也纳美术学院师从奥托·瓦格纳研习建筑，后者关于现代设计的理论对他的作品有深刻的影响。在瓦格纳的工作室度过短暂的学徒期之后，他把理性主义与查尔斯·伦尼·麦金托什现代风格影响下的规则几何形式结合了起来。1897年维也纳分离派创建之时，他也是创立者之一。他还在1903年参与创立了维也纳工作坊，这是一些实用艺术的工作室联合起来建立的。第一次世界大战前夕，霍夫曼在维也纳设计了许多别墅，另外还有两个堪称代表的作品：一个是普克斯多夫的疗养院（1904—1908年），另一个是布鲁塞尔的斯托克莱宅邸（1905—1911年）。1899—1937年间，他任教于维也纳美术与工艺学院。自1900年起，在巴黎展览的作品中，他就放弃了曲线装饰，转而采用更有棱角的形状、规则几何形的装饰和光滑的表面，这些都是成熟分离派风格的特点。实际上，他的建筑又被称作“方块风格”，

左图

约瑟夫·霍夫曼，斯托克莱宅邸的饭厅，1905—1911年，布鲁塞尔，比利时

低调、平衡的装饰贯串了整个内部装潢，墙面覆盖着白底紫纹的大理石板，柜子用的是意大利韦内雷港的大理石和印尼望加锡的黑檀木。墙上有3幅巨大的马赛克装饰画，是古斯塔夫·克利姆特的作品，表现了生命之树的形象。

因为他总是用四四方方的形状。他的设计将极度的个性化与高度的职业化结合起来，注重材料的自然真实和物品、建筑的功能性。1904—1908年间，霍夫曼在下奥地利州建造的普克斯多夫疗养院，就是他实用理性主义的证明。

19世纪时，整个欧洲在气候宜人的地方建起许多疗养院，用于肺结核等慢性病的治疗。确诊或疑似的病员住进来，通过喝矿泉水、锻炼、晒日光浴等疗养方法进行治疗。这些建筑在20世纪70年代被取消并被医院传染病科取代之前，是一种特定的建筑类型，有自己的形式和特征。霍夫曼将墙壁减为细长简化的平面，嵌上简洁的窗户，形体棱角分明。内部材料的视觉特征被强调出来，结构要素由混凝土制成，采用纯色，如楼梯的白色，还有镜子和各种反光、透明的面。这种严格的纯粹与霍夫曼整体艺术的概念相连。宽大明亮的房间内，建筑之美可因其是一种渗入最细微之处的、功能性的艺术而被感知。家具摆设也全都是维也纳工作坊设计制造的，与建筑相呼应。各个细节之间，细节与整体之间，都相互映衬得极为出色。黑、白砖铺成的地面对应屋顶矮梁，椅背的边饰呼应竖直的立柱，自屋顶垂下的长长的灯也突出了其竖直的动势。所有的家具摆设都是建筑师亲自设计的。

上图

约瑟夫·霍夫曼，疗养院正立面，1904—1908年，普克斯多夫，奥地利

霍夫曼远离了各种复兴式的品位，将装饰削减到几乎不存在。外部形态分明，正中部分的最上面两层缩进，二层开始往外凸出，形成两个L形的楼体。除了这些凸凹，外墙面还开了很多方形的窗，根据内部房间不同而大小各异，由棋盘格形式的蓝白块围绕。这些蓝白块同时也勾勒出了立面轮廓、地面和栏杆柱。

杰出作品

布鲁塞尔的斯托克莱宅邸

“不是生活应该成为艺术，而是艺术应该进入每日的生活。”霍夫曼在维也纳工作坊宣言中如是说。这份宣言表达了整体艺术品理论。

1905 年，一位富有的比利时工程师委托他在郊外建一座现代的寓所，用来展示作品，接待艺术界的贵宾。整个斯托克莱宅邸从外到内贯以一个原则，所做的一切都按照建筑整体的设计所遵循的规则和逻辑来设计、实现，一切都是空间的标志，正如色彩和装饰也都是结构内的标志。

这个结构暗含一种符合既定法则的语言。

下图

约瑟夫·霍夫曼，斯托克莱宅邸，1905—1911年，布鲁塞尔，比利时

霍夫曼对表面的处理是将其压成二维，立面光滑无装饰，覆盖以白色大理石，棱边和门窗轮廓以青铜线条勾勒出来。以此形成的长方形好似盒子，每一个形体都被拆成了二维的面，被连在一起。中央的高塔是构图中唯一的竖直要素，顶上有4尊带有寓意的男子像，象征着富足。

布拉格

维也纳分离派的风格充盈了布拉格的新建筑。在分离派和维也纳工作坊的建筑师和艺术家发起的探索浪潮中，布拉格在实用艺术中找到了最成熟的语言。按照新风格建造的建筑包括布拉格之家、梅兰酒店和中心酒店，立面装饰丰富有度，通常表现女性形象。最出名的代表者是阿方斯·穆哈（1860—1939年），以各式女性人物造型表现从自然中抽象而来的蜿蜒绵长的形状。20世纪最初10年中，布拉格大举整改市容，新增了许多公共和私人的建筑，以及学校、剧院等。老犹太区被完全整修，火车站和市政厅也是按新风格建造的，因为新风格被视作拥抱现代、文化自立的机会。这种建筑混杂各种不同风格，有折中主义遗风，带有当地艺术家的作品。

上图

约瑟夫·凡塔，中央车站，1901—1909年，布拉格，捷克

此车站受分离派风格影响，又饱含建筑师典型的宏大折中主义。1909年揭幕时名为弗朗茨·约瑟夫车站，后改名为威尔逊车站，现通称中央车站。大厅为带玻璃窗的穹顶形，其雕塑、金属件，覆盖站台的钢架玻璃顶棚，让其成为捷克建筑的宝贵作品。在上层还有高雅的凡塔咖啡馆。

下图

奥斯瓦尔德·波立瓦，安东宁·巴尔萨内克，市政厅斯梅塔娜厅，1903—1911年，布拉格，捷克

布拉格市政厅由建筑师奥斯瓦尔德·波立瓦和安东宁·巴尔萨内克于1903—1911年间设计，可算是新艺术风格最具标志性的建筑，典范地表现出捷克建筑师的个人诠释，是布拉格分离派诸多灵魂的表达，既有维也纳式的几何、抽象细节，也有法国式的自然形态，其丰富的装饰和构图又以新巴洛克式的复兴为主。其中的音乐厅，斯梅塔娜厅是布拉格交响乐团所在地，声学效果极好，内部宏大，当时大部分的捷克艺术家都参与了其装饰，包括阿方斯·穆哈、马克斯·什瓦宾斯基、弗朗齐歇克·日尼歇克、博胡米尔·卡夫卡、约瑟夫·瓦茨拉夫·米斯尔贝克等画家和雕塑家。

布达佩斯

有“中欧小巴黎”之称的布达佩斯在艺术形态和建筑风格上都受到了奥地利文化的影响。1873年，布达和佩斯两个老城区合并之后，城市迎来了扩建和发展商业的良机，艺术和科学都有了可观的发展。那时佩斯区在建筑上相对落后，大部分的建筑都建于此区的中心。匈牙利受到维也纳分离派精神的影响，但逐渐脱离了这种影响，形成了自己的国家风格，将分离派的特点嫁接在由当地特兰西瓦尼亚传统而来的民间建筑的图案和色彩上。许多浴场建成，内部采用分离派风格，用多彩的马赛克和玻璃窗、大理石柱等。在住宅方面，阳台多用铁艺装饰。虽然建筑仍然有部分的折中主义，但建筑师已试着创造出新艺术运动典型的通透明亮。钢筋混凝土、钢材、玻璃等材料被运用自如，选择没有限制。奥东·莱希纳（1845—1914年）是布达佩斯新艺术最重要的代表。他意图创造一种国家风格，将分离派的图案和匈牙利及东方的民族艺术元素结合起来。琉璃瓦不仅有其功能，也被用作一种装饰。莱希纳的美学探索，甚至还包括为陶瓷建材试验新的釉彩。

左图

奥东·莱希纳，久洛·帕尔托什，应用艺术博物馆，1896年，布达佩斯，匈牙利

此博物馆外观有东方元素，用多彩的陶瓷，梦幻奇异；内部宽敞而功能性好，墙面装饰着花卉图案。中庭由玻璃顶覆盖，周围环绕着印度风格的拱廊。莱希纳在东方诸风格中选了印度风格。绿色穹顶和双重玻璃顶的中央大厅给建筑以明显的东方印记，不管是整体还是细部都有所体现。石膏粉饰覆盖了钢结构，遵循并表现结构逻辑的同时，也将钢结构隐于其装饰作用中。

右图

奥东·莱希纳，地质学院景观图，1898—1899年，布达佩斯，匈牙利

杰出作品

布达佩斯的温泉浴场

布达佩斯除了号称“多瑙河皇后”，还以“温泉之城”而闻名。这是因为城中有100多处涌泉、12座温泉浴场，很多浴场的泉水都有治疗作用。布达佩斯也成为世界上唯一多温泉的首都。当地洗浴的传统可上溯到2000多年前，凯尔特人就已发现“Ak-luk”（丰足之水）的种种益处，热爱温泉浴的罗马人占领多瑙河以西地区时，在此建了一座城，名为阿昆库姆。后来此地又被突厥人统治，对他们而言，浴场是日常生活的重要中心，人们来此沐浴、放松、休闲。

20世纪，布达佩斯决定发展旅游业，变成了温泉疗养之城。大部分老建筑都按照当时流行的风格进行了整修，也就是舶来的新艺术奢华之风。这种风格却也十分适合用在浴场内部，和奥斯曼土耳其的装饰纹样也很搭配。大理石、陶瓷、多彩而艺术的马赛克、玻璃窗、穹顶、镜子，以其奢靡豪华，创造出一种魔幻的氛围。

右图

盖莱尔特温泉浴场内部，1918年，布达佩斯，匈牙利

这座温泉浴场以其高雅风范成为布达佩斯的标志之一，现在是一家温泉酒店，建于2000年前就已发现的泉址之上，泉水有治病的作用。内部装潢保留了原有的新艺术风格，有彩陶柱、纹饰天花、大理石柱、玻璃窗和雕像。色彩斑斓，到处是光洁的表面，给环境带来一种奢华舒适、精致细腻的感觉。

游泳池其实是一个美妙的中庭，被两层的敞廊环绕，就像一个有铁艺栏杆、有花卉纹饰、带屋顶的广场。

里加

拉脱维亚的里加，虽然保留了各个不同时期的痕迹，但其新艺术建筑质量之高、数量之多、分布之密，可说是举世无双，以至被称为“新艺术之都”（其核心城区被整体列入联合国教科文组织世界遗产名录）。一直到1918年，拉脱维亚都是俄罗斯帝国的一部分。相较于欧洲大都市，新艺术运动在这里兴起稍晚，但其形态完全出乎意料，对城市面貌的改变有相当大的影响。里加整个东北部是拆除城墙、合并中世纪小镇之后形成的一片聚居区，里面小道交错。1899—1910年间，这里变成了一片大工地，十几位建

上图

斯米尔东街2号一栋建筑的细部，1902年，里加，拉脱维亚

女像柱（夏娃）、男像柱（亚当）及中间的分辨善恶树，共同组成并支撑着阳台。这些要素从结构中获得生命，并给结构以生气。

下图

阿尔贝塔街一栋建筑的细部，里加，拉脱维亚

在拉脱维亚的首都里加，见证了那个时代艺术潮流的建筑沿着阿尔贝塔街排开。这条主干道呈现出一种有效的融合，包含新古典主义、新艺术和对其他文明的追溯。两尊新古典主义的雕像有维也纳式的庄重，手举桂冠，伫立在入口上方。和她们的手同高，一条连续的饰带贯穿整个墙面，只在经过每扇窗户时隐去。窗户上沿是拱形砌筑形式，装饰丰富。材料的蓝白交替更凸显出所有的装饰要素。

筑师共同创造了连绵不断、精致和谐的新艺术立面，占所有新建建筑的 1/3 以上。在那段时间，里加的人口翻倍，依靠波罗的海东部沿海的工商业发展起来。里加的新艺术所选择的语言，有德国青年风格和奥地利分离派的特征，但主要是以当地的文化传统为基础，色彩鲜明，蓝白相间。里加的新艺术重用当地的建筑师和艺术家，是高度专业化的现象，却也丰富多变，从雕塑到实用艺术，所有的视觉艺术都融于其中。在新艺术的造型偏好方面，里加以建筑语言中具有象征性、宏大的设计为重，墙面装饰丰富，造型对称，但装饰繁复。这些建筑主要沿两条大街而建，一条是阿尔贝塔街，位于高雅住宅区的中心；另一条是伊丽莎白街，在一个大公园旁边。整个里加最出名的新艺术大楼，就坐落在伊丽莎白街 10b号。此建筑由拉脱维亚新艺术的头号人物米哈伊尔・艾森施泰因（1867—1921 年）于 1903 年修建。其风格熔青年风格和折中主义于一炉，墙面的蓝与装饰的白相映衬，建筑被饰以神话人像、美杜莎假面饰、雄鹰和花环。在这个建筑中，新艺术以一种可行的地方变体表现出来，以探求新的国家风格。

上图

米哈伊尔・艾森施泰因，伊丽莎白街10b号楼细部，1903年，里加，拉脱维亚

这是里加最著名的新艺术建筑，集中了里加新艺术变体的所有特征，首先便是墙面颜色的呼应。丰富的装饰以神话人物和动物为特征，包括正上方拱形山花上的孔雀。这些装饰要素，还有中央的假面饰及两边的巨型人首饰，都是地方原创对整个立面的贡献，而立面上这里那里都有来自维也纳分离派的图形元素（尤其是被分割的圆环）。

意大利的自由风格

19 世纪最后几十年中，意大利一直在寻求一种“国家风格”，做了多种多样的尝试，想以过去种种风格，表达“意大利式”的理念。与这种复古文化相对的是，另一种趋势应运而生，从城市到城市，根据不同的“地方性”，以不同的自由风格造型表现出来。自由风格一词源自阿瑟·利伯蒂在米兰开的一家商店，是他伦敦商号的分铺，店里展示了家具、布料和英国“现代风格”的独创器物，这些都被笼统地称为“利伯蒂式”。现代主义者作为少数派，想在欧洲舞台上占有一席之地，他们渐渐将新技术和新材料纳为己用，以那个时代的各种趋势为灵感。在意大利南部地区，对维也纳“神圣春天”的诠释，尤其在体和面的切分方面，结合了霍尔塔和吉马尔式的装饰。因为喜用植物形态，这个运动还得到了另一个名字——“花叶饰风格”。而且它多种材料并用，有动感，偏好曲线，用女子像等象征物，都是在赞颂工业和进步。而在意大利中部，常用的装饰手法还有圆雕、圆环、饰带和垂花饰等，在硬朗的形体上花叶饰繁茂丰富。唯一的例外是托斯卡纳人乔瓦尼·米凯拉奇的建筑，明显参考了比利时的霍尔塔和昂卡尔的实验。在意大利南部，尤其是在西西里，自由风格在当地的巴洛克传统中扎下了根。这种传统本身就极尽装饰之能事。靠着巴西莱及其众多弟子的作品，西西里的这种自

下图

焦万·巴蒂斯塔·博西，马尔皮吉宅邸立面细部，1902—1905年，**米兰，意大利**

拆除传染病院之后，在 1884—1889 年的贝鲁托计划和 1911 年的马塞拉计划之间，米兰延伸到了西班牙城墙之外，尤其是在城市东部，以布宜诺斯艾利斯街为轴附近。那些年修建的一系列建筑中，每户都配有卫生间，供水、电、气，有下水管道，安装了第一批电梯，不再有外部走道。这是建筑上一个特别的例子。对于新艺术建筑的主要目标如何体现于家居环境，这是一个非常有意义的记录。一方面涉及资产阶级的宅邸，另一方面也涉及投机的和大众的建筑。

由风格一直延续到20世纪20年代。

由于通常的观点认为，自由风格是无益的运动，只是爱用花叶装饰，于是意大利要走向现代主义，只能等到1972年米兰展览会之后了。在那之前，由于被指责落后于同期欧洲其他国家，又没有自己的原创作品，现代主义的价值被蒙上了一层阴影。实际上，达龙科、巴西莱、索马鲁加和米凯拉奇等人的贡献一点也不晚。在霍尔塔建第一批住宅、维也纳分离派形成、麦金托什建造格拉斯哥艺术学院、高迪建造古埃尔公园的年代，巴西莱和达龙科就设计出了明显受到新艺术氛围影响的作品。都灵、米兰和巴勒莫是新艺术运动发展最重要的中心。渐渐地，富裕资产阶级经常光顾的那些场所，如旅馆、别院、温泉浴场等，也都沾染了新艺术的气息。意大利自由风格的能力在于，它不仅是一种超越了社会分级的大众语言，还是一种“露天博物馆”，代表着国内国际大讨论中，同时代各种趋势互相吸收转化的重大时刻。

左图

阿尔弗雷多·贝洛米尼，加利莱奥·基尼，玛格丽塔咖啡馆，1982年，维亚雷焦，卢卡，意大利

建筑师与手工艺人之间、艺术家和装饰师之间紧密合作，是意大利自由风格的特点。成果卓著，从挖空的墙体到富于异国风情的穹顶，基尼的陶瓷作品以彩色的装饰丰富了建筑的水平线条。

右图

彼得罗·费诺利奥，斯科特-费诺利奥别墅细节，1899—1903年，都灵，意大利

彼得罗·费诺利奥在传统形体构图上运用了丰富的装饰图样，修饰了所有的结构元素和立面。

巴西莱父子与弗洛里奥家族的巴勒莫

焦万·巴蒂斯塔·菲利波·巴西莱（1825—1891年）对西西里的阿拉伯-诺曼式建筑传统很有自己的见解，面对复古主义，他采取了评判的态度。从守门人的茅屋到马西莫剧院，西西里的建筑总是自成一派，不忘希腊-西西里和西西里-诺曼的传统。巴西莱是从折中主义过渡到现代主义的关键人物，他认为建筑应向其他艺术形式靠拢，以确立一个新的文化时期。于是，在建造中，他不断进行集体尝试，联合石雕、铁艺的手工生产。他极为注重铁构件的运用，倾向于研习真实，做出植物形态的物件，"不管是巧妙结合还是分开，都为直接从源头取来的新艺术提供了取之不尽的元素"。现代社会新理想确立，活跃的艺术运动带来的新形式是以观察建筑的曲线、线条、表面为基础进行探索，这些合起来让巴西莱预见到自由风格的诉求，其子埃内斯托将自由风格发展起来。

上图
焦万·巴蒂斯塔·菲利波·巴西莱，马西莫剧院外观细节，1862—1897年，巴勒莫，意大利

下图
焦万·巴蒂斯塔·菲利波·巴西莱，法瓦洛罗别墅，1889年，巴勒莫，意大利

意大利自由风格在西西里诞生，是在富裕资产阶级家族弗洛里奥的委托建造之下。巴勒莫的伊吉亚别墅，还有埃内斯托·巴西莱（1857—1932年）建的奥利乌扎园内的弗洛里奥小别墅都是在他们委托之下建造的。19世纪最初几十年的西西里，随着资产阶级新贵的日渐富裕，艺术的发展也经历了一段辉煌的时期。新企业家中最突出的，便是温琴佐·弗洛里奥这样的人物。他发展了冶金、食品、造船等工业，有力地推动了巴勒莫的建筑。新的经济圈子让思想自由流动，为文化觉醒做出了贡献。在革命的氛围中，艺术成为统一人心的因素，正如巴洛克时代发生过的一样。在最重要的委托中，埃内斯托总是和父亲一同上阵。1891年，他开始独挑大梁，在父亲死后，完成了巴勒莫马西莫剧院的工程。此建筑集合了大师级的石雕师、装饰师、雕塑和画家，他们终将成为所有西西里现代主义作品的领头核心。埃内斯托的父亲靠近复古主义，但自成一派，有极强的综合能力，埃内斯托以此实验出一种个人语言，用于他建造的各个不同场所。于是，在带有希腊-西西里传统印记的外观之上，加上阿拉伯-罗曼式的元素，埃内斯托继续着父亲的探索，后者在法瓦洛罗小别墅中已经试验过一种节制的装饰语言和一种排布方式，试图消除建筑格式，以线条造型，采用自然纹样，从霍尔塔、穆哈，还有麦金托什、瓦格纳那里吸取了对线条的推崇。在埃内斯托所有的作品中，最初的灵感化作个人在形式上的发明，如横梁间的带状装饰，对棱边的强调，用假城堞凸显顶部轮廓，砌筑面的拱券，带齿边立柱和小塔，给构图以节奏感和向上的动势。

杰出作品

巴勒莫的伊吉亚别墅

在弗洛里奥的委托下，巴西莱将一座属于某英国绅士的新哥特式建筑变成了温泉疗养的宅邸（伊吉亚“Igiea”就是健康女神的名字）。仅仅4年后，又变成了自由风格的奢侈酒店，显示出巴勒莫的资产阶级在欧洲美好时代的艺术争鸣中有怎样的志趣喜好。这家奢侈酒店矗立在海边，带露台花园，多年来曾接待过许多名流，如俄国沙皇和希腊国王。

主厅又名“镜厅”或“巴西莱大厅”，其内部是意大利第一个完工的新艺术建筑，但仍然完整地保留了原有的结构。大镜子，玻璃门的框，用于支撑木制天花的造型流畅、线条卷曲的构件，让空间被扩大、统一。

下图

埃内斯托·巴西莱，伊吉亚别墅，1899—1903年，巴勒莫，意大利

在内饰中，巴西莱将建筑构件与装饰艺术结合起来，相辅相成。家具和线条装饰都是戈利亚－杜克罗特公司所做，陶瓷由弗洛里奥公司制作，铁艺则是手工匠人萨尔瓦托雷·马尔托雷拉的作品。

加泰罗尼亚的现代主义

西班牙新艺术的起源，可追溯至1871年建校的巴塞罗那建筑学院。从“Renaixença”（意为重生）文学运动诞生出一种愿望，希望在所有艺术中找出一种国家风格，结束百年来因受外来语言——卡斯蒂利亚语——的文化统治而导致的颓废不振。新艺术在整个欧洲大行其道之时，西班牙依然喜好中世纪的风格，这种品位一开始便混入了西班牙建筑师口中的“新式”建筑。

一般认为，1888年巴塞罗那世博会之后，加泰罗尼亚文化开始了一个过程，新艺术渗入了日常生活的所有方面。刘易斯·杜梅内克·伊·蒙塔内（1849—1923年）为世博会设计了一个场馆，用作咖啡厅兼餐厅。此建筑又名“三龙堡”，采用中世纪城堡的形式。此时西班牙的建筑仍充斥各种折中主义趋势，意图却不尽相同。1888年世博会之后到1900年之前，霍尔塔在布鲁塞尔建了塔塞尔公馆（1893年），麦金托什也建了格拉斯哥艺术学院（1897—1899年），而加泰罗尼亚的建筑师还没有摆脱传统的束缚。实际上，对哥特风格的自由诠释让很多来自别的历史风格，甚至别的文化的元素也可以被接受。但现代主义已经来敲门，随着80多位建筑师的作品，它已准备好改变巴塞罗那部分城区的面貌。

151页图
刘易斯·杜梅内克·伊·蒙塔内，加泰罗尼亚音乐宫演奏厅天花板细部，1904—1908年，巴塞罗那，西班牙

巴塞罗那的许多现代主义建筑都集中于资产阶级区“Eixample”（意为扩建）。此区是伊尔德方斯·塞尔达 1859 年进行规划扩建形成的，其设计是一个个同样的四方楼体形成的网格状结构，楼体四角被削平。大部分的现代主义建筑都建在这网格布局中。这些建筑标志着与过去的决裂和一种表达上的自由，采用石制花卉纹饰、铁艺阳台、玻璃窗。

加泰罗尼亚的现代主义与新艺术运动也有些相异之处。它表现为一种寻找新灵感源泉的建筑语言，研究自然的结构体系，有意使用动感的形体，自由运动各种建造材料和技术，具有地中海式的鲜艳色彩。在安东尼·高迪建造的寓所中，新风格完胜，却体现出一个巨大的矛盾：新艺术在全欧洲都被新要求超越之时，高迪和加泰罗尼亚现代主义最重要的成员一起，有一种领会此文化的新方式。加泰罗尼亚现代主义的发展，得益于有教养有品位资产阶级的广泛参与。其意图不仅有关社会，更有关政治，要寻回加泰罗尼亚文化，重建加泰罗尼亚身份。茹塞普·普什·伊·卡达法尔施（1867—1956年）是最能体现“回归正统”新语言的建筑师。这种语言自 20 世纪 20 年代开始盛行，并导致了 19 世纪主义现象。卡达法尔施为找回当地文化遗产做出了贡献，他改换北欧的形式，使之适合本地区的民间传统。他将小巧紧凑的乡村农舍这种加泰罗尼亚模型与哥特式元素相结合。立面上图形多样，色彩丰富，与很强的手工艺传统相连，以繁复的装饰让传统的构建生动起来。

左图

茹塞普·普什·伊·卡达法尔施，阿马列宅邸外观细部，1898—1900年

1859 年塞尔达的规划规定，获准修建的建筑只能在半公共半私人部分的装饰上有所不同。阿马列宅邸位于格拉西亚大道，其与众不同之处在于立面充满了结构样式的几何装饰。其灵感从当地传统中来，造就了形式极为均衡的作品，材料、形式和色彩都已提前显露出“装饰风艺术”的特点。

右图

刘易斯·杜梅内克·伊·蒙塔内，圣十字与圣保罗医院，1903—1930年，巴塞罗那，西班牙

在这座医院建筑中，杜梅内克尝试从多种风格发展出一种新的语言。这里有穆德哈尔-伊斯兰、新中世纪、新巴洛克等多种样式，构图繁杂，令人眼花缭乱。精致丰富的装饰下是十分纯粹的建筑结构。

安东尼·高迪

加泰罗尼亚人安东尼·高迪（1852—1926 年）想要摆脱 19 世纪的刻板，哪怕用完全自创的、不属于同时代欧洲任何国家流派的形式和风格。

他建筑生涯的开始完全谈不上有什么革命性，但对个人风格的追求很快就在其国家的文化中形成。这种文化依然与传统紧密相连，但已开始走向现代。高迪其实支持加泰罗尼亚的文艺运动，这个运动提出要回归哥特形式，作为西班牙民间传统最纯正的表达。

这个运动要求自治，主张复兴加泰罗尼亚，要进行一场涉及所有艺术形式的革新。从哥特式到摩尔式，从新艺术到异想的世界，大胆结合。在西班牙，被摩尔人统治的过去早已是历史的一部分，但随着东方主义在欧洲风靡一时，高迪也不能免俗地喜欢追求异国情调，他所用彩陶的花卉图案也部分地跟随了当时欧洲的潮流。但高迪是一个民族主义者，而不是放眼国际的建筑师。他开始从事建筑时，风格依然有部分摩尔传统，如卡罗琳大街上的“维森斯宅邸”（1883—1885 年）或古埃尔馆（1883 年）。他之后为古

下图

安东尼·高迪，古埃尔居住区的教堂，1891年，圣科洛马·德塞尔韦略，西班牙

古埃尔居住区是为附近纺织厂的工人所建的，有一座带地下室的教堂，但这个居住区未能完工。此教堂依山而建，似乎是地形的延伸，表现出人造世界和自然世界之间理想的延续。承重立柱不对称地拔地而起，模仿周围松树的形态。大门仿佛一个自然形成的石窟，被抛物线形的拱券支撑着。所用材料有石材（玄武岩）、砖头和装饰马赛克中的玻璃。

埃尔伯爵所建的住所（1886—1889 年），则转向了新的品位。高迪开始寻找新的建造技术，以哥特式的特点为出发点，但又超越其上。尖拱变成了抛物线形的拱，圆柱向一侧倾斜，既起到支撑作用，又需要别的东西来支撑它。

高迪在哥特式中看到的，不仅是有机的、极具象征意味的建筑，更是尝试自创风格的机会。这种风格将建筑的形式和元素打乱，形成具有高度表现力的有机整体。在他主要的委托人，工业巨头古埃尔的保护和促使下，高迪可以尽情发挥独特的建筑想象，倾注在所有委托给他的工程中。他大胆尝试，其建筑独一无二，结构和装饰已不分彼此，被一种已有表现主义先兆的独特设计联系起来。

高迪赞同加泰罗尼亚现代主义运动。这个运动提倡回归哥特式，作为民间传统最真挚的表达。高迪设计的卡尔韦特宅邸（1898—1900 年），其外观依然有对学院派建筑的参考（此建筑的立面和平面设计都中规中矩，讲究对称和均衡），但内部以功能为主，设计繁复而富于想象。此后，高迪走上了自己的道路。

他放下了对历史建筑和同时代其 他建筑师的参考，达到了一种将建筑视为象征的理念。

他主要的委托人古埃尔给了他很大的自由，他才能设计并建造出大胆结合哥特和摩尔元素的建筑（也就是效仿伊斯兰–西班牙式的建筑），其语言越来越不受历史束缚、越来越自由，形式、结构、装饰上都有许多发明，外部被塑造出变形的样子。

高迪在巴塞罗那的格拉西亚大道上建了两座建筑：巴特略宅邸（1904—1906 年）和被称为“石屋”的米拉宅邸（1905—1911 年）。他远离了构图规则，走向异想般的建筑，从线条塑造的结构到内部最小的细部，都充满幻想。他众多的作品中值得一提的还有古埃尔公园，如画风景与象征性的景象相结合，在美学与形式上都有很高水平。

高迪自认为是英国的皮金那样的基督教建筑师，他对哥特风格的诠释最能体现于神圣家族教堂那宗教、神秘、梦幻的建筑。在象征的张力中，结构和装饰不分你我、合二为一，共同形成一个有机体，已经初具表现主义的倾向。

上图

安东尼·高迪，卡尔韦特宅邸，1898—1900年，巴塞罗那，西班牙

这座建筑商住两用，挺拔高耸，带有圆形的铁艺阳台。所用的天然石料被切割成规则的形状，但保留了不规则的表面，让立面生动起来。立面最上方是两个曲线形的山花，这是高迪发明的规避手法，以超过最高高度限制。

下图

安东尼·高迪，“石屋”米拉宅邸的烟囱头细部，1905—1911年，巴塞罗那，西班牙

杰出作品

巴特略宅邸

巴特略宅邸也许是最能反映高迪繁复异想的作品。此建筑又被称为“白骨屋”，因为立面细节让人联想到死亡，令人毛骨悚然。但在骷髅一般的阳台中、在主楼层连廊像骨节一样的窗户支柱中、在恐龙背脊一般的屋顶轮廓中，线条不但没有气势汹汹，反而变得温和欢快。变换角度去看它，才觉其动人。波浪形的立面用的是从巴塞罗那南部的蒙特惠奇山运来的黄沙色石材，表面光滑流畅，好似捏塑出来的，反光小瓷片的装饰如同鱼鳞一般。

左图

安东尼·高迪，巴特略宅邸屋顶细部，1904—1906年，巴塞罗那，西班牙

从底层到屋顶，没有棱角，也没有不和，一切一气呵成。由下而上，颜色越来越浓郁，窗户的大小也随光线的强弱而改变。屋顶铺着红蓝色的瓦，“恐龙”背脊以陶瓷制成，蜿蜒的屋脊间或加上圆柱形的构件。烟囱也以碎瓷片装饰。

右图

安东尼·高迪，巴特略宅邸立面细部，1904—1906年，巴塞罗那，西班牙

在内部，不存在直线，也不存在平直的面，一切都是曲线的，都好似黏土捏塑出来一般。不仅外观如此，平面形态分布也是一样，连一个直角都没有。房间和家具的外形古怪，窗户的形状也不规则，空间如水般流动。高迪只用寥寥几笔，就让房间给人以宽大的印象，一个个房间以新艺术的方式融合在一起。建筑内的房间完全被重新组织，以最大限度地享有自然光照和通风。

杰出作品

神圣家族教堂

对于高迪这样虔诚的基督徒建筑师，建一座教堂是最大的心愿了。机会于1883年到来，并伴其终生。这一年，他被委托继续“神圣家族赎罪教堂”的工程。此教堂位于巴塞罗那市郊，1882年奠基，由建筑师弗朗西斯科·德保拉·德尔比利亚尔开始建造，但只完成了后殿部分。从教堂地下室开始，高迪延续了德尔比利亚尔的设计。此设计以哥特式原型为基础，房间覆以拱顶，用尖拱。教堂最下面几层按1883年的设计逐渐建成，其风格为变形哥特式。从这里开始，高迪将建筑往高处发展。随着不同阶段完成的立面，我们也可以看出高迪在逐步成熟，看出他的梦幻异想和对建造的研究。在圣家堂中，高迪展示出汇于一座建筑的建造、象征和表达上的所有可能。此建筑忠于过去的传统，使用哥特式大教堂的技术，将重力和结构逻辑的法则发展到极致，使用现代的计算和画法几何方法。形状并不是随意采用的，而是根植于实实在在的结构原则和强大的象征。丰富的装饰和层出不穷的创新缓和了以变形抛物线为基础得出的结构。如主教帽子一样的钟塔，其造法可谓典范。高耸的塔身开了许多洞口，如同高大而怪异的泥土蚁巢。每个要素都是其中一部分。如果说它是一本石头做的书，其上的雕像就如同书中的插画，表达出高迪的信念：人类的灵性与真理相通，而这种真理也能通过建筑的形式传递出来。抛物线形的拱券就是用来象征至高神圣的三位一体，因为抛物线就是由两条分别象征圣父、圣子的无限长的线，与第三条象征圣灵的无限长的线会合而成。中央穹顶象征耶稣，

左图

安东尼·高迪，神圣家族教堂，1882年起，巴塞罗那，西班牙

高迪意识到，工程会一直持续到自己死后。他没有先把大框架定下来，而是完成了在高度上的几个部分，尤其是后殿，以此给后继者留下了关于自己最初想法的明确证明。

右图

安东尼·高迪，圣家堂耶稣受难立面，1882年起，巴塞罗那，西班牙

广阔的创意想象都体现在这高塔上，它们有螺旋形的动态，象征着十二使徒（原设计是现在的3倍高），以旋转的抛物线为结构，加上长矛般的尖头，上面的圆盘状塔顶覆以彩陶，收住构图中向上的动势。

立面下方开三个尖拱门，有哥特遗风。

后殿穹顶象征圣母马利亚，中舱周围的4个小穹顶象征四福音书的作者。1910年起，高迪不再接受任何委托，专心投入圣家堂的建造中。他研究新的造型方法，边施工边改善传统结构，随着工程的推进才逐渐确定许多细部。他经常在教堂脚下说："我的客户（指上帝）不着急。"这座教堂似乎永远也建不完了，令高迪备受折磨。1915年，建造资金枯竭时，高迪甚至到了向巴塞罗那富裕资产阶级乞求施舍以继续工程的地步。他走街串巷，挨家挨户寻求援助，为许多人认为不可能的事业放弃了名利。现在这座教堂依然没有完工，仍在按高迪留下的模型建造（已完成60%。实际上对于最初的设计，高迪并没有留下进一步的图纸，但根据现有的模型和当时的照片，西班牙内战中毁坏的部分得以按原设计重建）。它是举世无双的建筑作品。

上图

安东尼·高迪，圣家堂内部细部，1882年起，巴塞罗那，西班牙

新风格不仅体现于装饰，也体现于建筑手法。此建筑进行了一些大胆的尝试，使用倾斜的圆柱，能同时吸收所有推力，承重而无须任何外部反推力，因为它们与抛物线拱相连，而抛物线拱的结构使之能支撑很大的拱顶。现代建筑中的抛物线拱是最古老的建筑元素之一"拱券"的最新创新。

图片版权

Akg-images, Berlino: 32 a sinistra,
41 in basso, 68 a destra, 78, 94 a sinistra, 97, 99 in alto; 11, 21, 24, 25, 27, 32
a destra, 43, 45, 46, 47, 51, 52, 54 a destra, 76 in basso, 79 in basso, 80, 119 a destra, 141 in alto, 153, 154 in alto (Bildarchiv Monheim); 62, 66 (Bildarchiv Steffens); 4, 67, 94 a destra, 107, 139 (Hervé Champollion); 98 (Stefan Drechsel);
50 a sinistra (Roman von Götz); 16, 91, 104 a destra, 114 a destra, 115, 118
a destra, 122, 140 (Hilbich); 142 a sinistra (Jànos Kalmàr); 73 (A.F. Kersting); 55
in alto (James Morris); 61 (Jean-Louis Nou); 76 in alto (Robert O'Dea); 101
a destra (Florian Profitlich); 23 (Jürgen Raible)

© Alamy/Milestone Media: 65 (Mark Bassett); 48, 136 a destra, 141 in basso (Bildarchiv Monheim); 108 in alto (Ros Drinkwater); 117 (Adam Eastland); 144
in alto (Eclectic Images); 118 a sinistra (Liz Garnett); 70 in basso (Guichaoua); 144 in basso (Brian Harris); 105 (Andrew Holt); 30 in alto (Isifa Image Service s.r.o.); 145 (Michael Juno); 127 (Rough Guides); 149 (Stock Italia); 156 a sinistra (travelshots.com); 50 a destra (Zak Waters)

© Arcaid/Bildarchiv Monheim: 13

Archivi Alinari, Firenze: 70 in alto (Archivio Brogi); 86 a destra (Ullstein Bild/The Granger Collection, New York)
Archivio dell'Arte Luciano Pedicini, Napoli: 7, 15, 77 in basso

Archivio Fotografico Associazione Culturale Crespi d'Adda: 71 in alto

Archivio Mondadori Electa, Milano: 9, 34, 38, 53, 57 a sinistra, 71 in basso, 101
a sinistra, 102, 121, 138; 147 a destra (Fabrizio Carraro); 14, 54 a sinistra (Sergio Anelli); 31 (Diego Motto); 84 (Arnaldo Vescovo)

Archivio Vasari, Roma: 68 a sinistra

Artur (Reiner Lautwein): 92 a sinistra

Bastin& Evrard Bruxelles: 120, 123 in alto, 124, 143

Vincenzo Brai, Palermo: 95, 148

Fabrizio Carraro, Torino: 30 in basso,
83 a destra, 128, 154 in basso, 155
© Corbis: 86 a sinistra, 89 a sinistra;
57 a destra (Paul Amalsy); 58 (Chris Andrews); 79 in alto, 152 a destra (Peter Aprahamian); 116 (Dace Bartruff); 96 (Yann Arthus-Bertrand); 55 in basso
a sinistra, 88 in basso (Bettmann);
22 a destra (Stefano Bianchetti); 156
a destra (Tibor Bognàr); 28 (Eric Crichton); 41 in alto (Fridmar Damm/zefa); 136
a sinistra (Pascal Deloche/Godong); 69 (Leonard de Selva); 123 in basso (Edifice); 129
a sinistra (Mark Fiennes/Arcaid);
87 in basso (Thomas A. Heinz); 18, 111 (Angelo Hhornak); 74 (Hulton-Deutsch Collection); 85 in alto (Harald Jahn);
29 in alto (Larry Lee Photography); 151 (Charles&Josette Lenars); 44 (Massimo Listri); 56 (Karl Lugmaier/Harald Jahn); 129 a destra (Michael Nicholson); 59 (Will Pryce/Thames & Hudson/Arcaid); 29 in basso a sinistra (Joseph Sohm/Vision of America); 89 a destra (Lee Snider/Photo Images); 77 in alto (Stapleton Collection); 36 in basso (Michel Steboun); 63 (Adam Woolfitt)

Emiliano Crespi, Varese: 104 a sinistra

Paolo Favole, Milano: 93, 114 a sinistra

Foto Marburg/Art Resource, New York: 130

Andrea Jemolo, Roma: 40, 60, 75, 82, 112 a destra, 126 in alto

© Leemage, Parigi: 100

Lessing/Agenzia Contrasto: 33, 35, 107, 108 in basso, 109, 112 a sinistra, 113, 119
a sinistra, 131, 132, 133, 134, 135, 137

Mary Evans Picture Library: 99 in basso

© Scala Group, Firenze: 17, 39, 146, 147
a sinistra
Simephoto, Milano: 49 (Massimo Ripani); 81 (Steve Vidler)

Margherita Spiluttini, Vienna: 92 a destra

The Art Archive/Manuel Cohen: 157

The Bridgeman Art Library: 19, 36 in alto, 152 a sinistra

Tipsimages, Milano: 20, 29 in basso
a destra, 72

Rielaborazioni grafiche a cura di Marco Zanella.
L'editore è a disposizione degli aventi diritto per eventuali fonti iconografiche non identificate.